U0725467

中等专业学校给水与排水专业系列教材

水 泵 和 水 泵 站

（第 二 版）

田会杰　杨爱华　常　莲 编

中国建筑工业出版社

图书在版编目(CIP)数据

水泵和水泵站/田会杰，杨爱华，常莲编. —2版. —北
京：中国建筑工业出版社，2009
（中等专业学校给水与排水专业系列教材）
ISBN 978-7-112-02341-7

Ⅰ．水…　Ⅱ．①田…②杨…③常…　Ⅲ．①水泵—专
业学校—教材②水泵房—专业学校—教材　Ⅳ．TU991.35

中国版本图书馆 CIP 数据核字(2009)第 021705 号

　　本书为中等专业学校给水排水专业系列教材，是在 1987 年版《水泵和
水泵站》教材基础上，根据建设部 1988 年颁发的普通中等专业学校给水排
水专业"水泵和水泵站"课程大纲的基本要求修订而成。
　　书中主要讲授常用叶片泵的基本构造、工作原理、基本性能及其选
择；泵站类型、设计特点、运行管理和节能途径等。

中等专业学校给水与排水专业系列教材

水 泵 和 水 泵 站
（第二版）

田会杰　杨爱华　常　莲　编

*

中国建筑工业出版社出版、发行（北京西郊百万庄）
各地新华书店、建筑书店经销
北京市兴顺印刷厂印刷

*

开本：787×1092 毫米　1/16　印张：9¼　字数：222 千字
1994 年 11 月第二版　　2011 年 2 月第十六 次印刷
定价：**14.00** 元
ISBN 978-7-112-02341-7
（17239）

前　　言

　　本书是在中国建筑工业出版社1987年12月初版的《水泵和水泵站》教材的基础上，根据1988年8月建设部颁发的普通中等专业学校给水排水专业"水泵和水泵站"课程教学大纲要求修改而成。经建设部中等专业学校水暖通风与给排水专业教学指导委员会1993年7月评审后推荐，作为新版教材出版。

　　本书在改写过程中注重从专业教学出发，注意加强基本概念、基本技能等方面的阐述，同时力求紧密联系生产实际，删减了不必要的内容，对于泵站的运行与管理、泵站的节能等内容均有所加强。

　　全书共分五章，其中第一、二章讲述水泵的类型、构造、工作原理及特性等方面的内容；第三、四章讲述泵站的类型、设备的选择与布置、泵站设计特点等内容；第五章为泵站运行管理与节能技术等基本知识。各章附有思考题和习题，并附有课程设计任务书、指导书和必要水泵资料，供教学参考。

　　全书按国家现行规范、标准和法定计量单位，并按"GBJ125—89"统一了全书的基本术语。

　　本书第一、二章由济南城建学校杨爱华编写；第三章由北京城市建设学校常莲编写；第四、五章由北京城市建设学校田会杰编写。全书由田会杰主编，北京市政设计研究院教授级高级工程师毕延龄主审。在编写过程中得到王军、田卫民等同志的协助，特此致谢。

目 录

绪　论

一、水泵和水泵站在国民经济中的作用

水泵是输送和提升液体的一种水力机械，它将原动机的机械能传递给所输送的液体，使液体的能量增加。

水泵列为通用机械之一，在国民经济各个领域中都得到了广泛的应用。例如：城市的给水和排水；农业的灌溉和排涝；采矿业的坑道排水和水力采矿；石油工业的输油和注水；电力工业的高压锅炉给水、循环水、冷凝水、水力清渣；以及化工、冶金、国防等部门都离不开各种类型的水泵。

在给水排水系统中，水泵站是保证系统正常运转的枢纽。从给水系统来看，原水由泵站从水源取水并输送到水厂，净化后的清水再由配水泵站输送到城市管网（当水质符合饮用水卫生标准时，可直接将水送到用户）。其基本流程为：

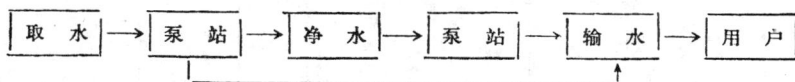

$$\boxed{取 \ 水} \rightarrow \boxed{泵 \ 站} \rightarrow \boxed{净 \ 水} \rightarrow \boxed{泵 \ 站} \rightarrow \boxed{输 \ 水} \rightarrow \boxed{用 \ 户}$$

从排水系统看，城市中排出的废水，经排水管渠系统汇集后，流进集水井，由泵站将废水抽送至处理厂，经处理后的废水再由泵站（或用重力自流）排入水体。其基本流程为：

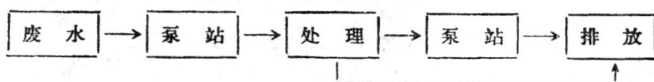

$$\boxed{废 \ 水} \rightarrow \boxed{泵 \ 站} \rightarrow \boxed{处 \ 理} \rightarrow \boxed{泵 \ 站} \rightarrow \boxed{排 \ 放}$$

随着经济建设的发展，城市给水、排水工程兴建和改建规模的日益扩大，各种类型泵站的投资和规模相应加大。统计表明，全国用于泵类的电能消耗几乎占全国电能总消耗的20％，泵站用电占城镇给水用电的90％以上，电能消耗最多，而且节能潜力也较大。因此，提高泵站的设计水平和运行效率具有十分重要的意义。我国在这方面进行了大量的工作，如改进和设计出不少高效节能的新型泵，以逐步取代效率低的旧产品。变速调节等节能技术的广泛应用，为提高水泵的运行效率开辟了广阔的前景。

二、水泵的分类

由于水泵应用很广，系列繁多，对它的分类方法也各不相同。按其工作原理可归纳为以下三大类：

1.叶片式水泵

它是利用装有叶片的叶轮的旋转运动来输送液体的。根据叶轮出水的水流方向，可将叶片式水泵分为径向流、轴向流和斜向流三种。径向流的叶轮称为离心泵，轴向流的叶轮称为轴流泵，斜向流的叶轮称为混流泵。

2.容积式水泵

1

它是利用泵体工作室容积周期性变化来输送液体的。根据工作室容积改变的方式，可将容积式水泵分为往复运动和回转运动两种。属于往复运动的有活塞式往复泵、柱塞式往复泵、隔膜泵等。属于回转运动的有螺杆泵、齿轮泵等。

3.其它类型泵

所谓其它类型泵，主要是指叶片式水泵和容积式水泵以外的特殊泵。在给水排水工程中常用的有以下几种：

（1）射流泵 它是利用高速工作液体（或气体）的能量来输送液体（或气体）的。

（2）气升泵 依靠压缩空气和水的混合液与水的重力密度差，将水提升的。

（3）螺旋泵 它是利用螺旋推进原理来输送液体的。

以上各类水泵的工作原理不同，使用范围也不相同。下图所示为常用的几种类型泵的总型谱图。从图中可以看出，往复泵和回转泵的使用范围侧重于高扬程、小流量。轴流泵和混流泵的使用范围侧重于低扬程、大流量。离心泵的使用范围最广，扬程在8～2800m，流量在5～2000m³/h范围内。

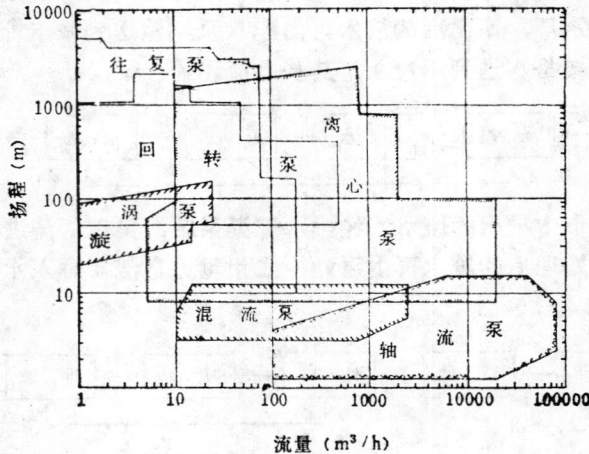

常用几种水泵的总型谱图

在城市给水排水工程中，应用最广的是叶片泵。因此，本教材将着重介绍有关叶片泵的构造、工作原理、性能、泵型的选择以及使用、维护和节能等方面知识。

第一章 叶片式水泵

叶片式水泵是泵类产品中应用最广泛的类型之一，它有不同的工作原理，不同的型式和结构特征。

叶片式水泵按工作原理可分为离心泵、轴流泵和混流泵。

叶片式水泵按结构型式的不同又有如下分类：按主轴方向分有卧式泵、立式泵和斜式泵；按压水室型式分有蜗壳式泵和导叶式泵；按叶轮吸入方式分有单吸泵和双吸泵；按叶轮数目分有单级泵和多级泵；按叶片调节的可能性分有固定式泵、半调节式泵和全调节式泵；按泵壳的接缝分有水平接缝（中开式）和垂直接缝（分段式）。

叶片式水泵按比转数 n_s 的大小及叶轮的型式又可分为低比转数离心泵 $n_s = 30 \sim 80$；中比转数离心泵 $n_s = 80 \sim 150$；高比转数离心泵 $n_s = 150 \sim 300$；混流泵 $n_s = 300 \sim 500$；轴流泵 $n_s = 500 \sim 1200$。按输送液体的性质分有清水泵和杂质泵。

第一节 离心泵的工作原理与构造

一、离心泵的工作原理

离心泵是利用离心力原理进行工作的。观察一盛有水的容器，在静止状态时，水面呈水平状，如图1-1（a）所示。若驱使该容器以角速度 ω 旋转，由于粘滞性的作用，容器中的水随着容器旋转，并产生惯性离心力。在离心力的影响下，容器中的水面形成了旋转抛物面，如图1-1（b）所示。若加大旋转角速度，那么旋转抛物面中心与边缘的水位差 h 亦随之加大。

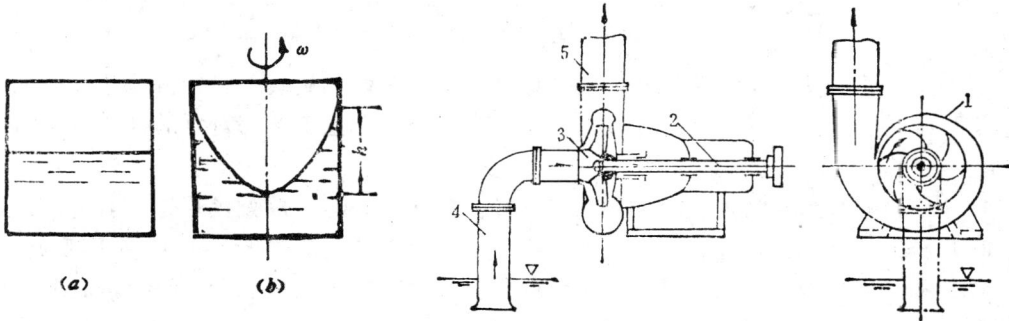

图 1-1 容器中水面的变化
(a)静止状态时的水面；(b)容器旋转时的水面

图 1-2 离心泵工作示意图
1—泵壳；2—泵轴；3—叶轮；4—吸水管；5—出水管

离心泵就是基于这一原理来工作的，只是在离心泵中，水的旋转是依靠叶轮的旋转来推动的，而泵壳则是静止不动的。

图1-2为离心泵工作示意图。叶轮3固定在泵轴2上，并装在泵壳1中，泵壳的吸水

口与吸水管4相连接，出水口与出水管5相连接。离心泵在启动前，必须把泵壳和吸水管都充满水，然后，驱动电机，使泵轴带动叶轮和水作高速旋转运动，水在离心力的作用下被甩出叶轮，经蜗壳形泵壳的流道而流入水泵的出水管路。与此同时，水泵叶轮中心处由于水被甩出而形成真空，吸水池中的水便在大气压力作用下，沿吸水管吸进了叶轮。叶轮不停地旋转，水就不断地被甩出，又不断地被吸入，这就形成了离心泵的连续输水。

二、离心泵的构造

离心泵的品种较多，下面主要介绍在给水排水工程中常用的单级单吸卧式离心泵、单级双吸离心泵和分段式多级离心泵的构造。

1.单级单吸离心泵

图 1-3所示为IS型单级单吸清水离心泵的结构图。该泵是根据国际标准 ISO2858 所规定的性能和尺寸而设计并制造的，其主要零件有：叶轮、泵壳、泵轴、轴承、密封环、填料函等。分述如下：

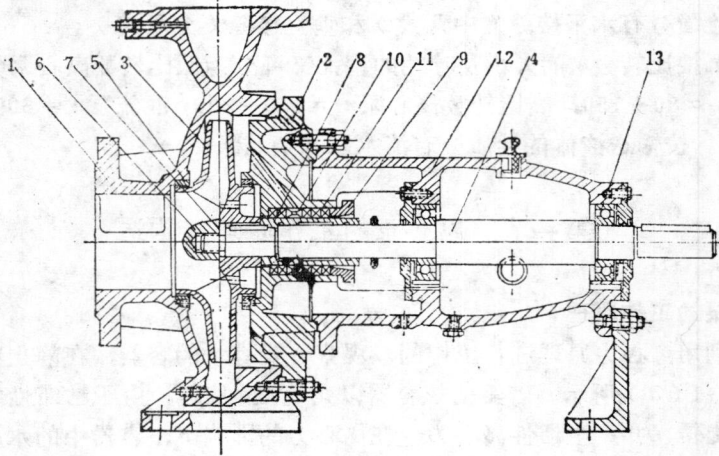

图 1-3 IS型单级单吸离心泵结构图

1—泵盖；2—泵体；3—叶轮；4—泵轴；5—密封环；6—叶轮螺母；7—外舌止退垫圈；8—轴套；
9—填料压盖；10—水封环；11—填料；12—悬架轴承体；13—滚动轴承

（1）叶轮 叶轮又称工作轮，是泵的核心。水泵依靠旋转的叶轮将原动机的机械能传递给液体。因此，它的几何形状、尺寸、所用材料和加工工艺等对泵的性能有极密切的关系。

叶轮一般可分为单吸式叶轮和双吸式叶轮。如图1-4所示，单吸式叶轮由前盖板、后盖板、叶片和轮毂组成。在叶轮吸入口一侧叫前盖板，后侧为后盖板，叶片夹于两盖板之间，叶片和盖板的内壁构成的槽道，称为叶槽。水自叶轮吸入口流入，经叶槽后再从叶轮四周甩出，所以水在叶轮中的流动方向是轴向流入，径向流出。

叶轮按其盖板情况有封闭式叶轮、敞开式叶轮和半开式叶轮三种形式。封闭式叶轮具有前、后盖板，如图1-5（a）所示，用于输送清水，一般有6～8片叶片。敞开式叶轮只有叶片没有盖板，如图1-5（b）所示。半开式叶轮只有后盖板，没有前盖板，如图1-5（c）所示。敞开式叶轮和半开式叶轮一般用来输送含杂质的液体，叶片少、流槽宽、不易堵塞，但其能量损失大，水泵效率低。

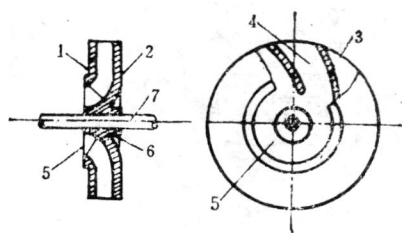

图 1-4 单吸式叶轮
1—前盖板；2—后盖板；3—叶片；4—叶槽；
5—吸入口；6—轮毂；7—泵轴

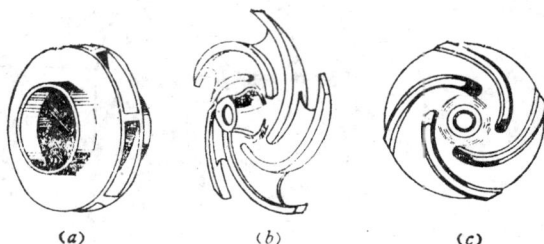

图 1-5 叶轮形式
(a)封闭式叶轮；(b)敞开式叶轮；
(c)半开式叶轮

叶轮的材料必须具有足够的机械强度和耐磨、耐腐蚀性能。目前，多采用铸铁、铸钢、不锈钢和青铜等制成。叶轮内外加工表面要具有一定的光洁度，铸件不能有砂眼、孔洞，否则会降低水泵效率和叶轮的使用寿命。

（2）泵壳 泵壳由泵盖和泵体组成，如图1-3中1、2所示。泵体包括泵的吸水口；蜗壳形流道和泵的出水口。泵的吸水口连一段渐缩的锥形管，它的作用是把水以最小的损失均匀地引向叶轮。在吸水口法兰上制有安装真空表的螺孔。蜗壳形流道断面沿着流出方向不断增大，它除了汇流作用外，还可使其中的水流速度基本不变，以减少由于流速变化而产生的能量损失。泵的出水口连一段扩散的锥形管，水流随着断面的增大，速度逐渐减小，压力逐渐增加，将部分动能转化为压能。在泵体出水法兰上，制有安装压力表的螺孔。另外，在泵体顶部设有放气或注水的螺孔，以便在水泵启动前用来抽真空或灌水。在泵体底部设有放水孔，当泵停止使用时，泵内的水由此放空，以防锈蚀和冬季冻裂。泵体和泵盖一般用铸铁制成。

（3）泵轴 泵轴是用来带动叶轮旋转的，它的材料要求有足够的抗扭强度和刚度，常用碳素钢和不锈钢制成。泵轴一端用键、叶轮螺母和外舌止退垫圈固定叶轮，另一端装联轴器或皮带轮。为了防止填料与泵轴直接摩擦，多数泵轴在穿过填料函的部位装有轴套，轴套磨损后可以更新。

由叶轮和泵轴组成了泵的转动部件，称为转子。

（4）轴承 轴承用以支承转动部件的重量以及承受泵运行时的轴向力和径向力，并减小轴转动时的摩擦力。常用的轴承有滚动轴承和滑动轴承两种，单级单吸泵采用滚动轴承。如图1-3中13所示，滚动轴承安装在悬架轴承体内。

（5）密封环 在转动的叶轮吸入口的外缘与固定的泵体内缘之间存在一个间隙，它处于高低压交界面，这一间隙如过大，则泵体内高压水便会经过此间隙漏回到叶轮的吸入口，从而减少水泵的实际出水量，降低水泵的效率；这一间隙如过小，叶轮转动时就会和泵体发生摩擦，引起机械磨损。如图1-3中5所示，为了尽可能减小漏水损失，同时又能保护泵体不被磨损，在泵体上或泵体和叶轮上分别装一铸铁密封环，该环磨损后可以更换。图1-6所示为三种不同形式的密封环，一般使用平环式、角接式，当高压泵中单级扬程较大时，为了减少泄漏可采用双环迷宫式。密封环应采用耐磨材料，通常由青铜或碳钢制成。

（6）填料函 在泵轴穿出泵盖处，在转动的轴与固定的泵壳之间也存在着间隙，为了防止高压水通过该处的间隙向外大量流出和空气进入泵内，必须设置轴封装置，填料函

5

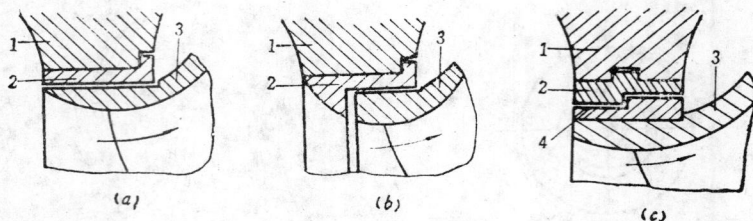

图 1-6 密封环

（a）平环式；（b）角接式；（c）双环式

1—泵体；2—镶在泵体上的密封环；3—叶轮；4—镶在叶轮上的密封环

就是常用的一种轴封装置。图1-7所示为常见的压盖填料型填料函，它由底衬环、填料、水封管、水封环、填料压盖等组成。

填料又称盘根，常用的是浸油、浸石墨的石棉绳填料，外表涂黑铅粉，断面一般为方形。它的作用是填充间隙进行密封，通常用4～6圈。填料的中部装有水封环，如图1-8所示，它是一个中间凹，外周凸起的圆环，该环放置位置对准水封管，环上开有若干小孔。当水泵运转时，泵内的高压水通过水封管进入水封环渗入填料进行水封，同时还起冷却、润滑的作用。底衬环和压盖通常用铸铁制作，套在泵轴上填料的两端，起阻挡和压紧填料的作用。填料压紧的程度，用压盖上的螺丝来调节，如压得太紧，虽然能减少泄漏，但填料与泵轴摩擦损失增加，消耗功率也大，甚至可能造成抱轴现象，产生严重的发热和磨损；压得过松，达不到密封效果。一般比较合适的压紧程度是使水能呈滴状连续漏出为宜。

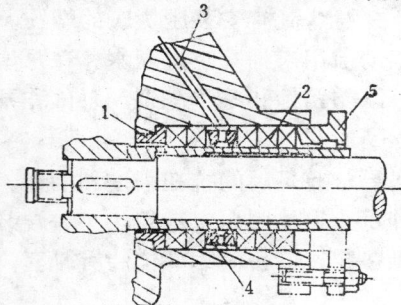

图 1-7 压盖填料型填料函

1—底衬环；2—填料；3—水封管；
4—水封环；5—填料压盖

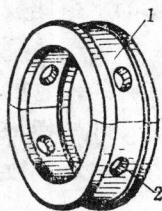

图 1-8 水封环

1—环圈空间；2—小孔

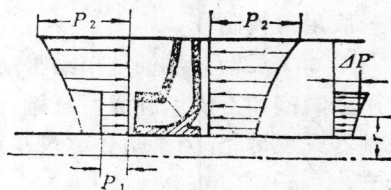

图 1-9 单吸叶轮的轴向力

填料密封结构简单，工作可靠，但填料使用寿命不长。当被密封的介质为高温、高压而且泵轴转数又高时，不宜采用填料式密封函，而应采用机械式密封、浮动环密封等轴封装置。

（7）轴向力平衡装置 单吸式离心泵在运行时，由于叶轮形状不对称，作用在叶轮两侧的压力不相等，如图1-9所示，在叶轮上产生了一个指向吸入侧的轴向力ΔP。此力会使叶轮和轴发生窜动，叶轮与密封环发生摩擦，造成零件损坏。因此，必须设法平衡或消除轴向力。

单级单吸离心泵可采用平衡孔平衡轴向力。如图1-10所示，在叶轮后盖板靠近轴孔处的四周钻几个平衡孔，并在相应位置的泵盖上加装密封环，此环的直径可与叶轮入口处密封环的直径相等。压力水经过泵盖上密封环的间隙，再经平衡孔，流向叶轮吸入口，使叶

6

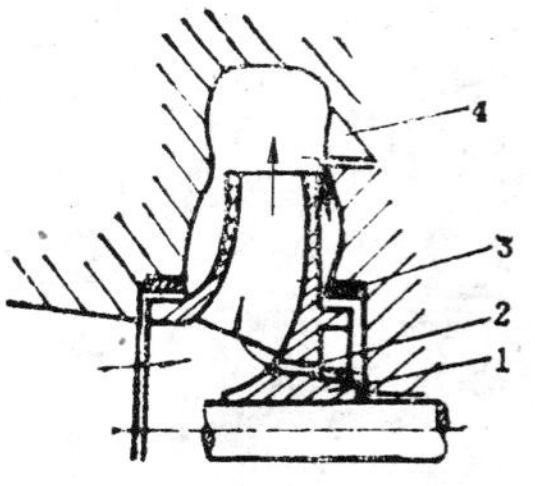

图 1-10 用平衡孔平衡轴向力
1—叶轮；2—平衡孔；3—密封环；
4—泵盖

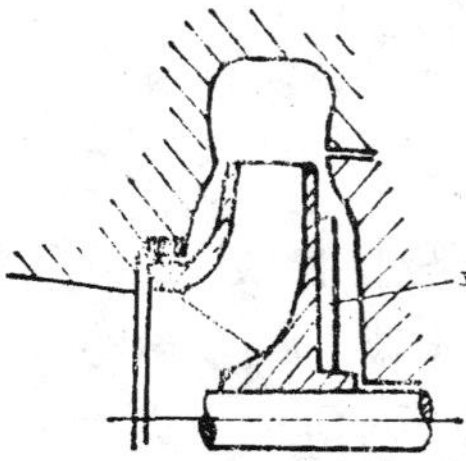

图 1-11 用平衡筋板平
衡轴向力

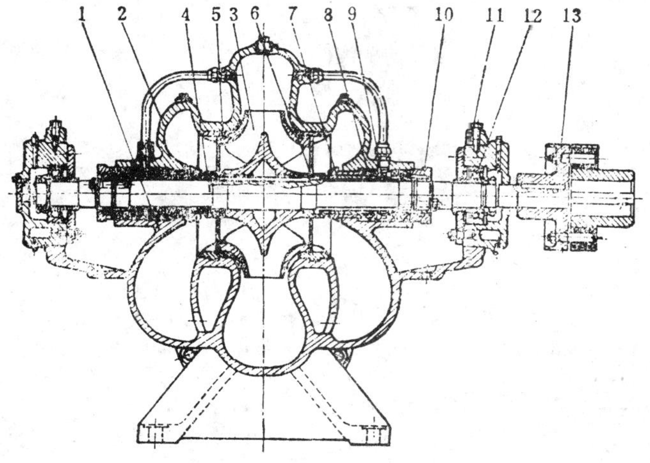

图 1-12 Sh型单级双吸离心泵构造图
1—泵体；2—泵盖；3—叶轮；4—泵轴；5—密封环；6—轴套；7—
填料套；8—填料；9—水封环；10—填料压盖；11—轴承体；12—滚
动轴承；13—联轴器

轮两侧的压力大致平衡。这种方法结构简单，但是，开了平衡孔后，有回流损失，使水泵的效率有所降低。

单级单吸离心亦可采用具有平衡筋板的叶轮来平衡轴向力。如图1-11所示，在叶轮后盖板上加4～6条径向的平衡筋板，当叶轮旋转时，筋板强迫叶轮后面的液流加快转动，从而使叶轮背面靠近泵轴附近的区域压力显著下降，达到减小或平衡轴向力的目的。另外，平衡筋板还能减小轴端密封处的液体压力，并可防止杂质进入轴端密封，所以，平衡筋板常被用在输送杂质的泵上。

单级单吸离心泵的特点是结构简单、维修方便、体积小、重量轻、成本低。

2.单级双吸离心泵

图1-12所示为Sh型单级双吸离心泵的构造图。其主要零件与单级单吸离心泵基本相似，有叶轮、泵壳、泵轴、轴承、密封环及填料函等组成。

叶轮的形状是对称的，如图1-13所示，水从叶轮两侧沿轴向流入，经叶槽后由径向流出，故称双吸泵。

泵壳是由泵体和泵盖构成（图1-12中1和2），用铸铁或球墨铸铁制成。如图1-14所示为泵壳外形示意图，泵的吸水口和出水口均在泵体上，与泵轴垂直，呈水平方向。水从泵的吸水口流入后，沿半螺旋形流道由两侧流入叶轮，从叶轮甩出后，经蜗壳形流道由出水口流出。另外，泵盖顶部设有安装抽气管的螺孔，泵体下部设有放水用的螺孔。因为泵盖和泵体的接缝是水平中开的，所以，又称为水平中开式泵。

泵轴两端是由装在轴承体内的轴承支承，泵壳内缘与叶轮吸入口外缘的配合处，装有密封环，泵轴穿出泵壳处设有填料函。

单级双吸离心泵的特点是性能范围宽，安装检修方便，由于叶轮对称布置，基本上不产生轴向推力，运转比较平稳。

7

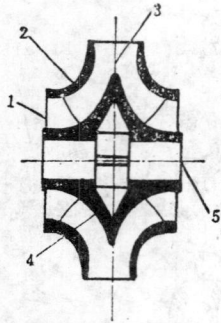

图 1-13 双吸式叶轮

1—吸入口；2—轮盖；3—叶片；4—轮毂；5—轴孔

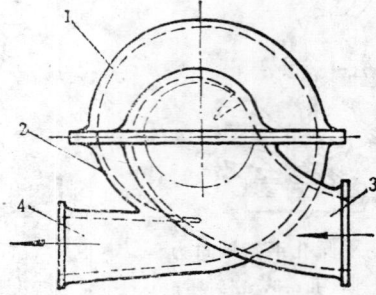

图 1-14 泵壳外形示意图

1—泵盖；2—泵体；3—吸水口；4—出水口

三、分段式多级离心泵

分段式（节段式）多级离心泵的构造如图1-15所示，轴上的叶轮数目代表水泵的级数。这种泵的泵体是分段式的，由一个进水段（进水部分）、一个出水段（出水部分）和数个中段（叶轮部分）所组成，各段用长螺杆连接成为一整体。泵的吸水口位于进水段上成水平方向，出水口在出水段上成垂直方向。水从一个叶轮流入另一个叶轮，中间经过导流器。导流器的构造如图1-16（a）所示，它是一个铸有导叶的圆环，安装时用螺母固定在泵壳上。通常把这种带导流器的多级泵称为导叶式（透平式）离心泵。图1-16（b）表示泵壳中水流运动的情况。

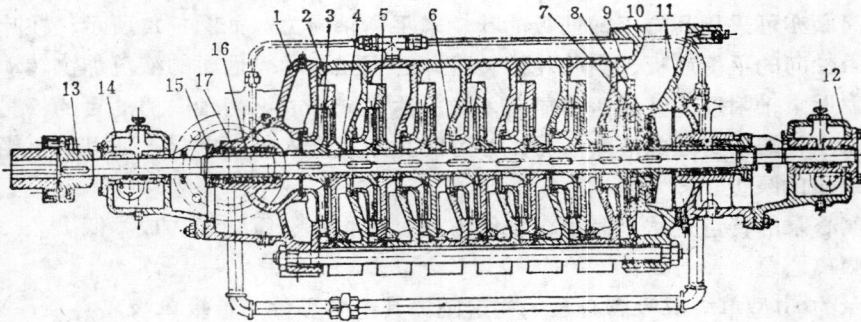

图 1-15 分段式多级离心泵构造图

1—进水段；2—中段；3—叶轮；4—泵轴；5—导叶；6—密封环；7—平衡盘；8—平衡环；9—出水段导叶；10—出水段；11—尾盖；12—轴承乙部件；13—弹性联轴器；14—轴承甲部件；15—填料压盖；16—水封环；17—填料

由于各级叶轮均为单侧进水，且吸入口朝向一边，其轴向推力将随叶轮个数的增加而增大。为平衡其轴向力，在末级叶轮后面装设平衡盘，如图1-17所示。平衡盘用键固定在轴上，随轴一起旋转。泵运行时，末端叶轮排出的压力水经径向间隙和轴向间隙进入平衡室，最后经连通管流回第一级叶轮的吸入口。由于连通管与水泵叶轮吸入口相通，因而，平衡盘后面的水流压力和水泵吸入口压力比较接近，平衡盘上便产生了一个方向与轴向推力ΔP相反的平衡力$\Delta P'$。在水泵运行中，由于水泵的出水压力是变化的，因此，轴向推力ΔP也是变化的。当$\Delta P > \Delta P'$时，叶轮就会向左移动，轴向间隙减小，但因径向间隙是始终不变的，这样，水流流过径向间隙的速度减小，从而提高了平衡盘前后的压力，

使平衡力 $\Delta P'$ 增加。叶轮不断向左移动，平衡力就不断增加，直至和轴向推力平衡时，叶轮就不再向左移动。反之，当 $\Delta P<\Delta P'$ 时，叶轮向右移动，轴向间隙增大，平衡力 $\Delta P'$ 减小，直至和轴向推力平衡时，叶轮不再向右移动。由此可见，平衡盘装置可自动地平衡轴向力。故在多级泵中，大都采用这种平衡方法。

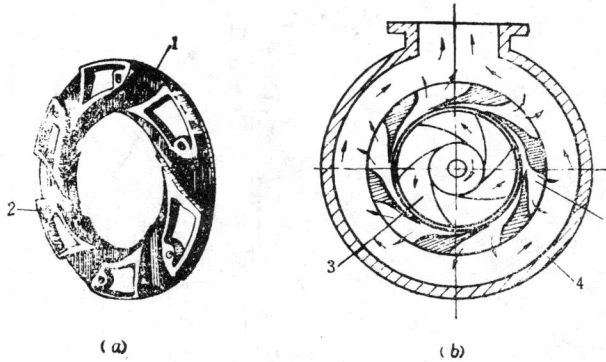

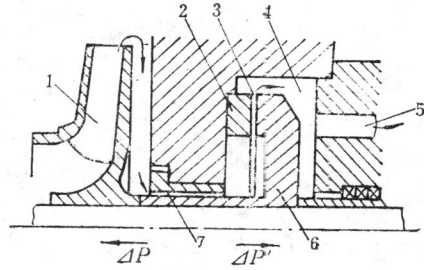

图 1-16　导叶式离心泵
（a）导流器；（b）水流运动情况
1—流槽；2—固定螺栓孔；3—水泵叶轮；4—泵壳

图 1-17　分段式多级泵的平衡盘装置
1—末级叶轮；2—平衡板；3—轴向间隙；4—平衡室；5—连通管；6—平衡盘；7—径向间隙

多级泵解决轴向推力尚有其它类型结构，如可采用叶轮对称排列布置、平衡鼓装置等方法来平衡轴向推力。

多级离心泵的特点一般流量小，扬程高，而且可以采用摘掉叶轮的方法减小水泵扬程。但它的构造较复杂，不便于拆装，水泵效率偏低。

第二节　轴流泵及混流泵

轴流泵及混流泵都是叶片式水泵中比转数较高的泵。它们的特点都是属于大、中流量，中、低扬程。在给水排水工程中，它们亦是应用较广的水泵。

一、轴流泵

1.轴流泵的工作原理

轴流泵是按空气动力学中机翼的升力原理进行工作的，其叶片与机翼具有相似形状的截面称为翼型。如图1-18所示，在翼型的首端 A 点处，流体对机翼产生了沿翼型上、下表面的绕流，然后，同时在翼型的尾端 B 点处汇合。由于沿翼型下表面（即轴流泵叶片背面）的路程比上表面（即轴流泵叶片工作面）的路程长，因此，流体沿翼型下表面的流速比上表面的流速大，相应地翼型下表面的压力将小于上表面，流体对翼型将有一个由上向下的作用力 P。同样，翼型对于流体也将产生一个反作用力 P'（即升力），此力的大小与 P 相等，方向由下向上，作用在流体上。

图1-19为立式轴流泵工作示意图。具有翼型断面的叶片，在水中作高速旋转时，水流相对于叶片就产生了急速的绕流，如上所述，叶片对水将施加力 P'，在此力作用下，水沿泵轴方向，由进口流向出口。

2.轴流泵的构造

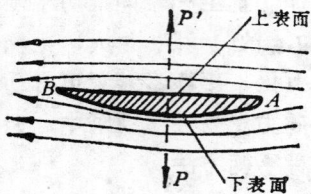

图 1-18 翼型绕流

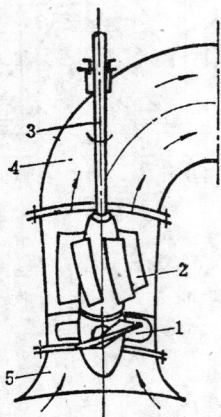

图 1-19 立式轴流泵工作示意图

1—叶轮；2—导叶；3—泵轴；4—出水弯管；
5—喇叭管

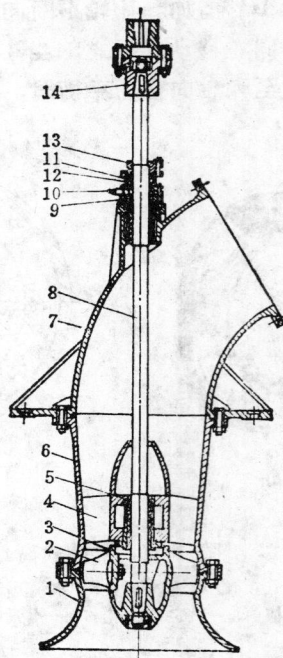

图 1-20 立式轴流泵

1—喇叭管；2—叶片；3—轮毂；4—导叶；5—
下导轴承；6—导叶管；7—出水弯管；8—泵轴；
9—上导轴承；10—引水管；11—填料；12—填
料函；13—压盖；14—联轴器

轴流泵按泵轴的安装方式分有立式、卧式和斜式三种。目前使用较多的是立式轴流泵，图1-20所示为立式轴流泵的构造图。其主要零件有：喇叭管、叶轮、导叶、出水弯管、泵轴、轴承、填料函等。分述如下：

（1）喇叭管 喇叭管为中小型立式轴流泵的吸水室，用铸铁制造，它的作用是把水以最小的损失均匀地引向叶轮。喇叭管的进口部分呈圆弧形，进口直径约为叶轮直径的1.5倍左右。在大型轴流泵中，吸水室通常做成流道形式。

（2）叶轮 叶轮是轴流泵的主要工作部件，由叶片、轮毂、导水锥等组成，一般用优质铸铁制成，大型泵多用铸钢制成。

轴流泵的叶片一般为2～6片，

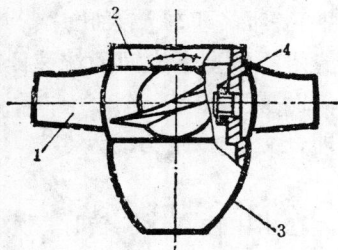

图 1-21 半调节叶片的叶轮

1—叶片；2—轮毂；3—导水锥；4—调节
螺母

呈扭曲形装在轮毂上。根据叶片调节的可能性分为固定式、半调节式和全调节式三种。固定式的叶片和轮毂铸成一体，叶片的安装角度是不能调节的。半调节式的叶片用螺母栓紧在轮毂上，如图1-21所示，在叶片的根部上刻有基准线，而在轮毂上刻有几个相应安装角度的位置线，如 $+4°$、$+2°$、$0°$、$-2°$、$-4°$ 等。叶片不同的安装角度，其性能曲线将不同，使用时可根据需要调节叶片安装角度。调节时先卸下喇叭管，再把叶轮卸下来，将螺母松开转动叶片，使叶片的基准线对准轮毂上的某一要求的角度线，然后再把螺母拧紧，装好叶轮即可。半调节式叶轮叶片一般需要停机并拆卸叶轮之后,才能进行调节,适用于中小型轴流泵。全调节式的叶片是通过机械或液压的一套调节机构来改变叶片的安装角。它可以在不停机或只停机而不拆卸叶轮的情况下,改变叶片的安装角度。这种调节方式结构复杂,一般应用于大型轴流泵。

（3）导叶 导叶位于叶轮上方的导叶管中,并固定在导叶管上。它的主要作用是消除水流的旋转运动,减少水头损失。同时可将水流的部分动能转变为压能。一般轴流泵中装有6～12片导叶。

（4）轴和轴承 泵轴采用优质碳素钢制成,中小型轴流泵泵轴是实心的。对于大型轴流泵,为了布置叶片调节机构,泵轴做成空心的。

轴流泵的轴承按其功能有两种类型,一种是导轴承,另一种是推力轴承。导轴承主要用来承受转动部件的径向力,防止摆动,起径向定位作用。常用的结构有水润滑橡胶导轴承及油润滑轴承,图1-20中9和5分别为上、下橡胶导轴承。推力轴承主要作用在立式轴流泵中,用来承受水流作用在叶片上的方向向下的轴向推力,水泵转动部件重量以及维持转动部件的轴向位置,并将这些推力传到机组的基础上去。

（5）填料函 在泵轴穿出出水弯管的地方,装有填料密封装置。其构造与离心泵的填料函相似。

轴流泵的特点是流量大、扬程低；结构简单、重量轻；立式轴流泵叶轮安装于水下,启动时无需引水,操作方便；叶片可以调节,当工作条件变化时,只需改变叶片安装角度,仍可保持在高效率区运行。

二、混流泵

混流泵是介于离心泵与轴流泵之间的一种泵,它是靠叶轮旋转而使水产生的离心力和叶片对水产生的推力双重作用工作的。

混流泵按构造型式分为蜗壳式和导叶式两种。一般中小型泵多为蜗壳式,大型泵为导叶式或蜗壳式。

图1-22所示为卧式蜗壳形混流泵,其构造近似单级单吸卧式离心泵,其叶轮形状有所不同,如图1-23所示。

混流泵的特点介于离心泵与轴流泵之间,泵的高效区范围比轴流泵宽广,汽蚀性能也较好,使用维修较为方便。

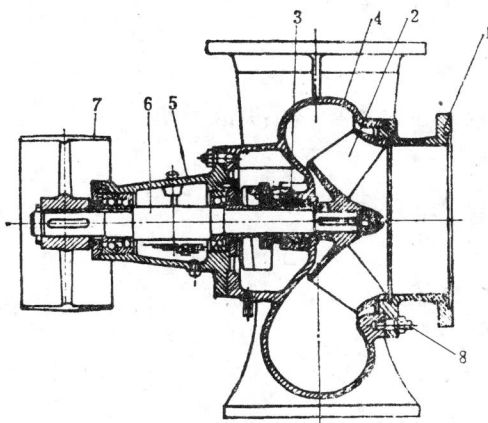

图 1-22 卧式蜗壳式混流泵构造图
1—泵盖；2—叶轮 3—填料,4—泵体,5—轴承体；
6—泵轴；7—皮带轮；8—双头螺栓

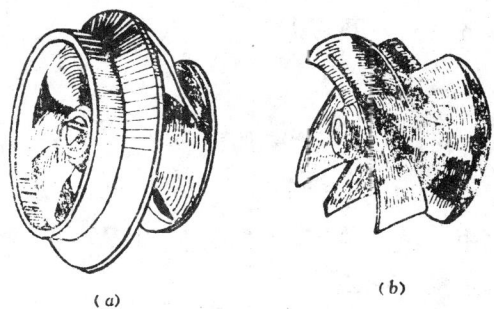

(a)   (b)

图 1-23 叶片形状

11

第三节　叶片泵的基本性能参数

在了解泵的构造和分类后，为了能够合理地选择和正确地使用水泵，尚需掌握泵的性能，而水泵的性能是用性能参数表示的。叶片泵的性能参数有流量、扬程、功率、效率、转速、允许吸上真空高度或允许汽蚀余量等，下面分别加以介绍。

一、流量

流量俗称出水量。它表示水泵在单位时间内所输送液体的体积或质量。用字母Q表示，常用的体积流量单位是L/s、m³/s或m³/h，常用的质量流量单位是kg/s或T/h。

二、扬程

扬程通常指总扬程，又叫总水头。它表示每kg液体通过水泵后其能量的增加值。用字母H表示，单位是米水柱（简称m）、Pa、kPa或MPa。它们之间的换算关系为：

$$1 mH_2O = 9800 Pa = 9.8 kPa = 0.0098 MPa$$

三、功率

功率包括轴功率和有效功率。

轴功率：系指水泵轴上的功率。它表示原动机输送给水泵轴上的功率。用符号N表示，常用单位为kW。

有效功率：指水泵的输出功率。它表示单位时间内流过水泵的液体从水泵那里得到的能量。用符号N_e表示，可根据水泵的流量和扬程进行计算，即：

$$N_e = \frac{\gamma QH}{1000} \tag{1-1}$$

式中　N_e——水泵的有效功率（kW）；

Q——水泵的流量（m³/s）；

H——水泵的扬程（m）；

γ——被抽升液体的重度（N/m³）。

水泵在运行过程中，存在各种能量损失，轴功率不可能完全传给液体，所以，有效功率始终小于轴功率，即$N_e < N$。

四、效率

效率指水泵的有效功率和轴功率之比值。它反映了泵内功率损失的大小，是一项技术经济指标。用字母η表示，其表达式为：

$$\eta = \frac{N_e}{N} \times 100\% \tag{1-2}$$

由此可求得水泵的轴功率：

$$N = \frac{N_e}{\eta} = \frac{\gamma QH}{1000\eta} \tag{1-3}$$

式中　N——水泵的轴功率（kW）。

五、转速

转速系指泵轴每分钟的转数。用字母n表示，单位为r/min。

各种水泵都是按一定的转速来进行设计的，即称泵的额定转速。当使用时水泵的实际转速不同于设计转速值时，则水泵的其它性能参数（如Q、H、N等）也将按一定的规律变化。

六、允许吸上真空高度或允许汽蚀余量

允许吸上真空高度或允许汽蚀余量是表示叶片泵汽蚀性能的参数（详见本章第十一节）。分别用符号 $[H_s]$ 或 $[\Delta h]$ 表示，单位是米水柱。在泵站设计时，用以确定水泵的安装高度。

上述六个性能参数之间的关系，通常用性能曲线来表示。不同类型的泵，具有不同的性能曲线，泵的性能曲线将在以后章节中加以介绍。

<h2 style="text-align:center">第四节　叶片泵的基本方程式</h2>

我们知道，叶片泵工作时，由原动机带动叶轮旋转，叶轮旋转后，叶轮上的叶片对水流作功，从而使水流的能量增加。那么，叶轮传递给水流多少能量？这些能量与哪些因素有关？这就是本节要讨论的问题。

一、水在叶轮中的运动

叶片泵工作时，水流质点在叶轮中的运动是一种复合运动。一是水流质点具有一个随叶轮旋转的圆周运动（牵连运动），其运动速度称为圆周速度（牵连速度），用符号 u 表示，它的方向与圆周的切线方向一致。二是水流质点对旋转的叶轮作相对运动，其运动速度称为相对速度，用符号 w 表示。假定叶轮是由无限多个薄的叶片组成，则水流质点相对运动的方向，是该质点所在处的叶片切线方向。水流质点相对于不动的泵壳的运动，称为绝对运动，其运动速度称为绝对速度，用符号 c 表示。

图1-24所示为离心泵叶轮和轴流泵叶轮叶槽进、出口处的水流速度，并分别用下标"1"和"2"来表示。图中速度 c_1 与 u_1 和 c_2 与 u_2 的夹角，称为 α_1 和 α_2 角，w_1 与 u_1 和 w_2 与 u_2 反方向延长线之间的夹角，称为 β_1 和 β_2 角，在水泵的设计中，β_1 又被称为叶片的进水角，β_2 被称为叶片的出水角。

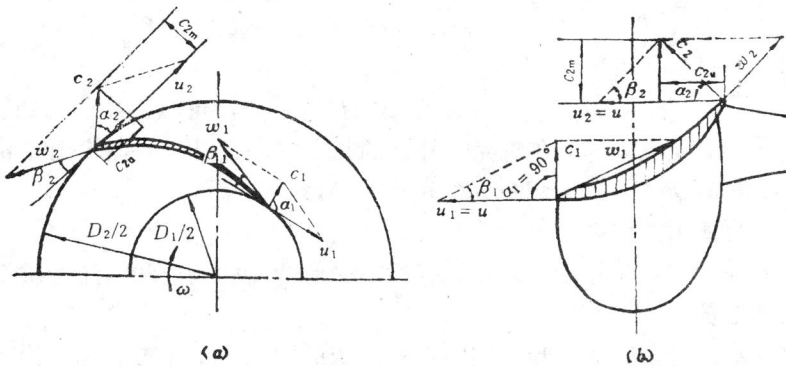

图 1-24　叶轮中的水流速度
(a)离心泵叶轮；(b)轴流泵叶轮

叶片的出水角 β_2 决定了叶片的形式。如图1-25(a)所示，离心泵叶轮当 $\beta_2 < 90°$ 时，叶片弯曲的方向与叶轮旋转的方向相反，称为后弯式叶片叶轮。如图1-25(b)所示，当 $\beta_2 = 90°$ 时，叶片出口的方向为径向，称为径向式叶片叶轮。如图1-25(c)所示，当 $\beta_2 > 90°$

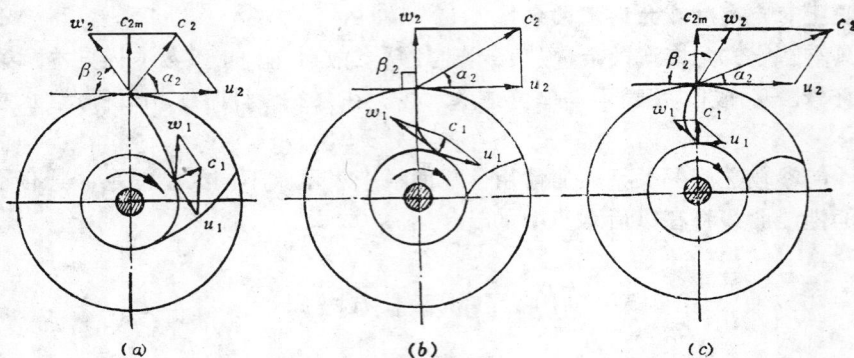

图 1-25 离心泵叶轮叶片的形式

(a)后弯式($\beta_2 < 90°$)；(b)径向式($\beta_2 = 90°$)；(c)前弯式($\beta_2 > 90°$)

时，叶片弯曲的方向与叶轮旋转的方向相同，称为前弯式叶片叶轮。因此，β_2角的大小反映了叶片的弯度，是构成叶片形状和叶轮性能的一个重要参数。后弯式叶片的流道比较平缓，弯度小，叶槽内水力损失较小，有利于提高泵的效率。前弯式叶片叶轮的槽道短而弯度大，叶轮中水流的弯道损失大，水力效率低。因此，实际工程中使用的离心泵叶轮，一般为后弯式叶片。通常取β_2值为20~30°之间，在以下的讨论中，我们均以后弯式叶片为讨论对象。

通常以速度三角形代替速度平行四边形，如图1-26所示，α是绝对速度c与圆周速度u的夹角，β是相对速度w与圆周速度u的夹角。为计算方便起见，绝对速度可分解为两个相互垂直的分速度：一个是与圆周速度垂直的分速度，称为轴面速度，用c_m表示。所谓轴面，就是通过泵轴线和所考虑的水流质点的一个平面。在离心泵中，c_m就是径向分速；在轴流泵中，c_m就是轴向分速。另一个是与圆周速度方向一致的分速度，称为圆周分速度，用c_u表示。由图中可知：

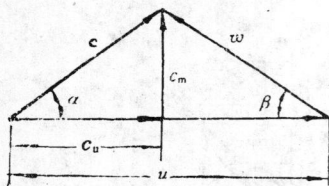

图 1-26 速度三角形

$$c_u = c\cos\alpha = u - c_m \mathrm{ctg}\beta \qquad (1-4)$$

$$c_m = c\sin\alpha \qquad (1-5)$$

叶轮叶槽内任意一点都可以作出该点的速度三角形，在研究叶片泵的基本方程式时，只需作出叶轮叶槽进口及出口处的速度三角形。

二、叶片泵的基本方程式

为了便于推导和分析叶片泵的基本方程式，先对叶轮的构造和水流性质作三点假定：

1.水流是稳定流。

2.叶槽中，水流均匀一致，叶轮同半径处水流的同名速度相等。即认为叶轮具有无限多及无限薄的叶片，水流质点严格地沿着叶片的型线流动。

3.水流是理想液体。也即不显示粘滞性，不存在水头损失，而且密度不变。

由以上假定，用动量矩定律推得叶片泵的基本方程式为：

$$H_{T\infty} = \frac{1}{g}(u_2 c_{2u} - u_1 c_{1u}) \qquad (1-6)$$

式中　$H_{T\infty}$——叶轮产生的理论扬程（m）；

u_1、u_2——分别为叶轮叶槽进、出口处水流的圆周速度（m/s）；

c_{1u}、c_{2u}——分别为叶轮叶槽进、出口处水流绝对速度的圆周分速（m/s）。

从基本方程式可以看出，叶片泵的理论扬程仅与水流在叶轮叶槽进、出口处的速度三角形有关，与水流在叶槽中的流动情况无关。对基本方程式作如下分析：

1.为了提高水泵的扬程和改善吸水性能，大多数叶片泵在水流进入叶片时，绝对速度的方向垂直于圆周速度，即 $\alpha_1 = 90°$，$c_{1u} = 0$。此时，基本方程式可写成：

$$H_{T\infty} = \frac{u_2 c_{2u}}{g} \tag{1-7}$$

由式 $c_{2u} = c_2 \cos\alpha_2$ 可知，α_2 愈小，则 c_{2u} 愈大，水泵的理论扬程愈大。在实际应用中，一般选用 $\alpha_2 = 6\sim15°$ 左右。

2.叶片泵的理论扬程与圆周速度 u_2 有关，而 $u_2 = \frac{n\pi D_2}{60}$。因此，增加叶轮转速 n，加大叶轮直径 D_2，可以提高叶片泵的扬程。

三、基本方程式的修正

我们知道叶片泵的基本方程式是对叶轮的构造和水流性质作了三点假定，应用动量矩定律推得的。现按实际情况进行修正。

假定 1　水流是稳定流。当叶轮转速不变时，这一假定可以认为与实际相符。

假定 2　叶槽中，水流均匀一致，叶轮具有无限多及无限薄的叶片，水流质点严格地沿着叶片的型线流动。实际上，叶片数是有限的。当叶轮旋转时，水流质点因惯性作用，使水流的相对运动，除了均匀流外，如图1-27（a）所示，还有一个趋向于保持水流原来位置的与叶轮旋转方向相反的轴向旋涡运动，如图1-27（b）所示。因此，在叶槽内的实际相对速度将等于图1-27中（a）和（b）的速度的迭加，如图1-27（c）所示。

由图1-27可以看出，由于轴向旋涡运动，在有限叶片叶轮叶槽中，靠近叶片背水面的地方，由于两种相对速度方向一致，致使实际相对速度增加。而在靠近叶片迎水面的地方，由于两种相对速度方向相反，使实际相对速度减小。因此，叶槽中流速的实际分布是不均匀的，即叶轮同半径处水流的同名速度不相等，如图1-27（d）所示。这样就影响了叶轮产生的扬程值，需进行修正。以 H_T 表示修正后的理论扬程，则：

$$H_T = \frac{H_{T\infty}}{1 + P} \tag{1-8}$$

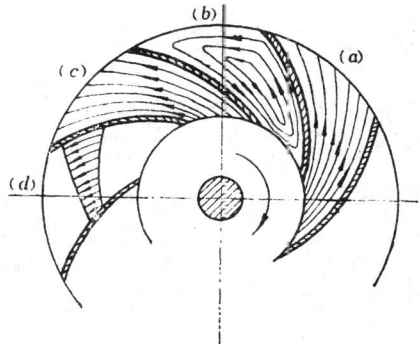

图 1-27　水流在叶轮叶槽内的运动

式中　P——修正系数，由经验公式确定。

假定 3　水流是理想液体。在水泵运行中，实际水流在泵壳内有水力损失，使水泵的实际扬程 H 值小于理论扬程值。水泵的实际扬程为：

$$H = \eta_h \cdot H_T = \eta_h \frac{H_{T\infty}}{1 + P} \tag{1-9}$$

式中　η_h——水力效率（％）。

第五节　叶片泵的性能曲线

性能曲线指叶片泵在恒定的转速下，扬程 H、功率 N、效率 η 和允许吸上真空高度

$[H_s]$ 或允许汽蚀余量$[\Delta h]$ 等性能参数随流量Q 而变化的关系绘制成的曲线，称 为 性能曲线。即Q-H、Q-N、Q-η、Q-$[H_s]$ 或Q-$[\Delta h]$ 曲线。它作为我们合理地选 型、正确地确定安装高度以及调节运行工况的重要依据。

由于液体在叶轮内流动状态复杂，各种水力损失很难准确计算，所以，到目前为止，还只能通过试验的方法来绘制出实测的性能曲线。下面首先对叶片泵的性能曲线进行理论的分析，然后结合实测的曲线进行讨论。

一、理论性能曲线的定性分析

由叶片泵的基本方程式：$H_{T\infty} = \dfrac{u_2 c_{2u}}{g}$ 中，将$c_{2u} = u_2 - c_{2m} \mathrm{ctg} \beta_2$ 代入得：

$$H_{T\infty} = \frac{u_2}{g}(u_2 - c_{2m} \mathrm{ctg} \beta_2) \qquad (1\text{-}10)$$

叶轮中通过的流量为：

$$Q_T = F_2 c_{2m}$$

也即：

$$c_{2m} = \frac{Q_T}{F_2} \qquad (1\text{-}11)$$

式中　　Q_T——叶片泵的理论流量（$\mathrm{m^3/s}$）；

$\qquad F_2$——叶轮的出口面积（$\mathrm{m^2}$）；

$\qquad c_{2m}$——叶轮出口处水流绝对速度的轴面速度（$\mathrm{m/s}$）。

将（1-11）式代入（1-10）式得：

$$H_{T\infty} = \frac{u_2^2}{g} - \frac{u_2 \mathrm{ctg} \beta_2}{g F_2} Q_T \qquad (1\text{-}12)$$

上式对给定的泵，在一定的转速下，u_2、F_2、β_2 均为常数。若以流量Q 为横坐标，扬程H 为纵坐标，则当$\beta_2 < 90°$ 时，即对后弯式叶片叶轮，Q_T-$H_{T\infty}$ 是一条向下倾斜的直线，如图1-28(a)所示，它与纵坐标轴的 交点为$\dfrac{u_2^2}{g}$。

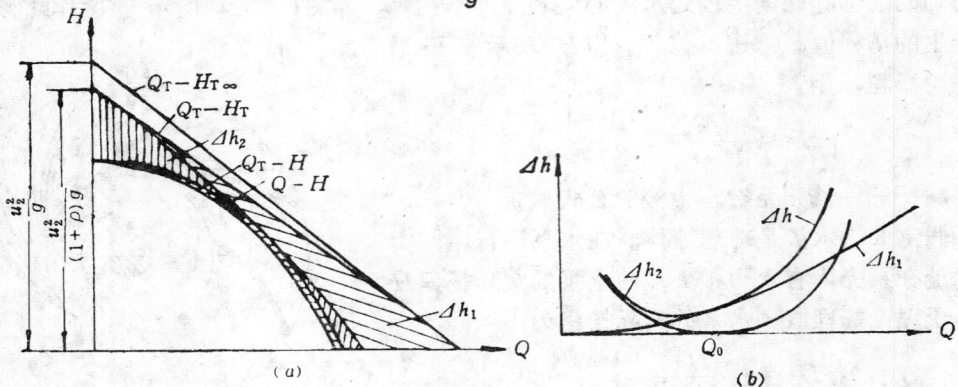

图 1-28　离心泵性能曲线的定性分析

(a)离心泵的性能曲线；(b)离心泵的水力损失

为了得出实际流量Q 和实际扬程H 之间的关系曲线，首先考虑叶片数是有限 的，对理论扬程的修正。由式$H_T = \dfrac{H_{T\infty}}{1+P}$ 知，Q_T-H_T 也是一条向下倾斜的直线，它与纵坐标轴的交

点为 $\dfrac{u_2^2}{(1+P)g}$。

其次考虑泵内的水力损失对扬程的影响，叶片泵内部的水力损失可分为两部分：

1. 摩阻损失 Δh_1

摩阻损失指水流在泵的吸水室、叶槽内和压力室中所产生的摩擦阻力损失。该损失可由下式表示：

$$\Delta h_1 = K_1 Q_{\mathrm{T}}^2 \qquad\qquad (1\text{-}13)$$

式中　K_1——比例系数。

上式是一条通过坐标原点的抛物线，如图1-28(b)所示。

2. 冲击损失 Δh_2

叶轮叶片进水角 β_1 和蜗壳压水室断面都是按设计流量工作时计算的。水泵运行中，当流量不同于设计流量时，由于进出口速度三角形发生变化，在叶片进口处及压水室入口处均会产生冲击损失。且流量与设计值相差越远，冲击损失就越大。其值可用下式表示：

$$\Delta h_2 = K_2 (Q_{\mathrm{T}} - Q_0)^2 \qquad\qquad (1\text{-}14)$$

式中　Q_0——设计流量（m³/s）；

　　　K_2——比例系数。

上式是一条顶点在设计流量的抛物线，如图1-28（b）所示。总水力损失 Δh 为上述二者之和。

由图1-28(a)中的 Q_{T}-H_{T} 直线上减去相应流量下的水力损失，得实际扬程 H 与理论流量 Q_{T} 之间的关系曲线，也即 Q_{T}-H 曲线。

泵体内这两部分水力损失必然要消耗一部分功率，其值可用水力效率 η_h 来度量：

$$\eta_h = \dfrac{H}{H_{\mathrm{T}}} \qquad\qquad (1\text{-}15)$$

然后考虑泵内的容积损失，在对叶片泵的构造的讨论中知，水流在密封环、填料函及轴向力平衡装置等处存在着泄漏和回流问题，使水泵的实际出水量总要比通过叶轮的流量小。以 Δq 表示总泄漏量，则 $Q = Q_{\mathrm{T}} - \Delta q$。这样在 Q_{T}-H 曲线上减去相应 H 值时的 Δq 值，就可得实际扬程与实际流量的关系曲线，即 Q-H 曲线。

泵内的容积损失消耗了一部分功率，其值可用容积效率 η_v 来度量：

$$\eta_v = \dfrac{Q}{Q_{\mathrm{T}}} \qquad\qquad (1\text{-}16)$$

除此以外，水泵在运行中还存在机械损失，它包括叶轮盖板旋转时与水的摩擦损失（称为圆盘损失）；泵轴和轴封装置、轴承之间的机械摩擦损失等，机械损失同样消耗了一部分功率，其值用机械效率 η_{M} 来度量：

$$\eta_{\mathrm{M}} = \dfrac{N_k}{N} = \dfrac{r Q_{\mathrm{T}} H_{\mathrm{T}}}{1000 N} \qquad\qquad (1\text{-}17)$$

式中　N_h——叶轮传给水的全部功率，称为水功率。也即泵轴上输入的功率 N，在克服了机械损失之后，传给水的功率。

综上所述，泵的总效率 η 的公式，可以变换为：

$$\eta = \dfrac{N_e}{N} = \dfrac{\gamma Q H}{1000 N} = \dfrac{\gamma Q H}{\gamma Q H_{\mathrm{T}}} \cdot \dfrac{\gamma Q H_{\mathrm{T}}}{\gamma Q_{\mathrm{T}} H_{\mathrm{T}}} \cdot \dfrac{\gamma Q_{\mathrm{T}} H_{\mathrm{T}}}{1000 N}$$

将（1-15）、（1-16）、（1-17）式代入上式，可得：

$$\eta = \eta_h \cdot \eta_v \cdot \eta_M \tag{1-18}$$

由上式可见，水泵的总效率等于水力效率、容积效率与机械效率的乘积，要提高水泵的效率，必须尽量减小泵内各种损失。

二、实测性能曲线的讨论

叶片泵的性能曲线是在转速n一定的情况下，通过叶片泵的性能试验和汽蚀试验来绘制的。

图1-29所示为8Sh-13型离心泵的性能曲线，它表示转速$n=2900$r/min时的性能。横坐标为流量Q，单位用L/s或m³/h表示。纵坐标分别为扬程H、轴功率N、效率η和允许吸上真空高度$[H_s]$或允许汽蚀余量$[\Delta h]$，单位分别用m、kW、%和m来表示。

图1-30所示为14ZLB-100型轴流泵的性能曲线，它表示转速$n=1120$r/min，叶片安装角为0°时的性能。

图1-31所示为8HB-35型混流泵的性能曲线。

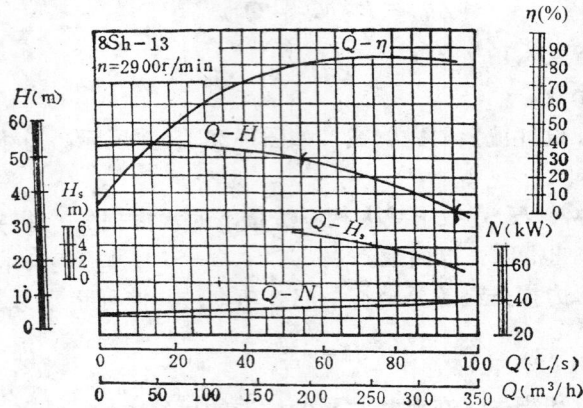

图 1-29 8Sh-13离心泵性能曲线

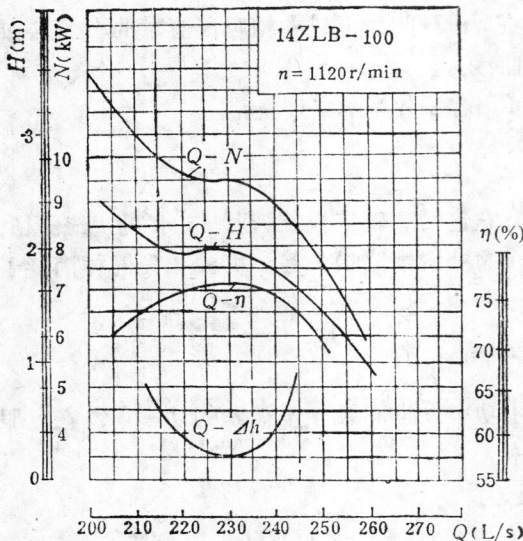

图 1-30 14ZLB-100轴流泵性能曲线

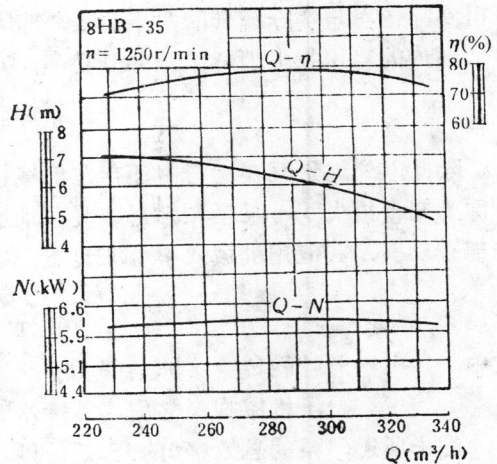

图 1-31 8HB-35混流泵性能曲线

从分析离心泵、轴流泵和混流泵的性能曲线，可以看出：

1.流量与扬程曲线（Q-H曲线）

从图1-29、1-30、1-31中可以看出，三种水泵的Q-H曲线都是下降曲线，即随着流量Q的增大，扬程H逐渐减小，这一点和上述Q-H曲线的理论分析结果是一致的。

在三种水泵中，离心泵的Q-H曲线下降较缓。但不同的离心泵Q-H曲线下降的快慢也不相同，如图1-32所示离心泵的Q-H曲线有平坦的、陡降的、有驼峰的等形状。前两者随流量的增加扬程下降，对应于任意扬程只有一个流量值。后者是随流量的增加扬程先上升后下降，曲线有一个驼峰，水泵在驼峰区运行时，在同一扬程下，可能出现两个流量值，使泵处于不稳定工况运转，产生震动和噪声。所以，选择和使用水泵时，不要在驼峰区内运转。

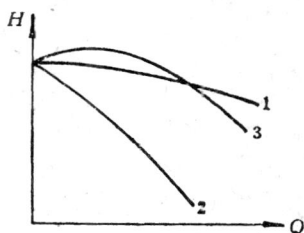

轴流泵的Q-H曲线比离心泵的陡降，并有转折点，如图1-30所示。流量愈小，曲线坡度愈陡，流量等于零时，其扬程约为设计扬程的两倍左右。主要原因是流量较小时，在叶轮叶片的进口和出口处产生回流，水流多次重复得到能量，使扬程急剧增大。Q-H曲线在转折点为一段不稳定区，在实际运行中，应避免在这个区域内运行。

图 1-32　离心泵性能曲线的形状
1—平坦的性能曲线；2—陡降的性能曲线；3—有驼峰的性能曲线

混流泵Q-H曲线的陡降程度介于两者之间。

2.流量与轴功率曲线（Q-N曲线）

离心泵的Q-N曲线具有随流量的增加而上升的特点，如图1-29所示。在$Q=0$时，相应的轴功率N并不等于零，此功率主要消耗在水泵的机械损失上。若此时作长时间运行，会使泵壳内水温上升，严重时可能造成零部件热力变形。因此，在$Q=0$时，只允许作短时间的运行。另一方面，在$Q=0$时，轴功率值最小，离心泵启动时，为了防止电机的启动电流过大，通常采用"闭闸启动"的方式。即水泵启动前，应将压水管上闸阀关闭，待启动后，再将闸阀逐渐打开。

轴流泵的Q-N曲线与离心泵完全不同，是一条下降的曲线，如图1-30所示。当流量减小时，轴功率很快增加，其变化规律与轴流泵的Q-H曲线相似。当$Q=0$时，轴功率达到最大值，可达额定功率的两倍左右。因此，轴流泵应采取"开闸启动"。一般在轴流泵压水管上不装闸阀，只装能自动打开的拍门，避免误操作而造成严重事故。

混流泵的Q-N曲线平坦，当流量变化时，轴功率变化很小，如图1-31所示。因此，混流泵具有运行时平稳的特性。

3.流量与效率曲线（Q-η曲线）

三种水泵的Q-η曲线都是以最高效率点向两侧下降的趋势，如图1-29、1-30、1-31所示。对应于最高效率点的流量、扬程、功率称为额定流量、额定扬程、额定功率，又称设计流量、设计扬程、设计功率。

离心泵的Q-η曲线在最高点向两侧变化平缓，高效率区范围较宽，使用范围也比较大。通常将高效率点左右一定的范围（一般不低于最高效率点的10%左右），作为水泵的高效率区，在Q-H曲线上用两条"）"标出高效率区的范围。在选泵时，应使所选水泵在高效区工作，才能达到较好的经济效果。

轴流泵的$Q-\eta$曲线在最高点向两侧下降较陡，高效率区较窄，使用范围也较小。

混流泵的$Q-\eta$曲线介于离心泵和轴流泵之间。

4.流量与允许吸上真空高度或允许汽蚀余量曲线（$Q-[H_s]$或$Q-[\Delta h]$曲线）

如图1-29所示，离心泵的$Q-[H_s]$曲线是一条下降的曲线，$[H_s]$是随着流量的增加而减小的。轴流泵的$Q-[\Delta h]$曲线是一条具有最小值的曲线，即在最高效率点附近$[\Delta h]$值最小，偏离最高效率点两侧，相应的$[\Delta h]$值都增加，如图1-30所示。

$Q-[H_s]$和$Q-[\Delta h]$曲线都是表征水泵汽蚀性能的曲线。

另外，除了性能曲线外，在水泵样本中或产品目录中还以表格的形式给出泵的性能。如表1-1、1-2所列分别为8Sh-13型离心泵和14ZLB-70型轴流泵的性能表。表中第一行为高效率区左边边界的各性能参数值；表中第三行为高效率区右边边界的各性能参数值；表中第二行为最高效率点的各性能参数值。

Sh 型 泵 性 能 表   表 1-1

水泵型号	流 量 Q		扬程 H	转速 n	功率 N （kW）		效 率 η	允许吸上真空高度 $[H_s]$	叶轮直径 D_2	泵重量 W
	（m³/h）	（L/s）	（m）	（r/min）	轴功率	配套功率	（%）	（m）	（mm）	（kg）
8Sh-13	216	60	48		35.8		79	5.0		
	288	80	42	2950	40.1	55	82	3.6	204	195
	342	95	35		42.4		77	1.8		

ZLB型轴流泵性能表   表 1-2

水泵型号	叶片安装角度	流量 Q		扬程 H	转速 n	功率 N（kW）		效率 η	叶轮直径 D_2
		（m³/h）	（L/s）	（m）	（r/min）	轴功率	配套功率	（%）	（mm）
14ZLB-70	0°	504	140	3.3		6.2		72.5	
		598	166	2.45	980	5.2	7.5	77.3	296
		679	188	1.62		4.2		71.2	

第六节 水泵叶轮相似定律和比转数

水流在水泵内运动是很复杂的，仅从理论上还不能准确地算出叶片泵的性能。要研制一台高效率的泵，除了要利用前人的经验和资料以外，还要进行大量的试验研究工作。但对于大型泵，在一般的试验室条件下进行试验是很困难的，也是不经济的。只能根据流体力学的相似理论，将原型泵缩小为模型泵进行试验，再将模型泵数据换算为原型泵数据。应用相似理论，可以解决以下几个问题：

（1）根据模型试验，进行新产品的设计和制造；

（2）对两台几何相似的水泵的性能进行换算；

（3）根据同一台泵在某一转速下的性能，换算它在其它转速下的性能。

因此，相似理论不仅用于水泵的设计和制造，而且还用于解决水泵运行中的问题。

一、相似条件

根据相似原理，两台水泵相似，必须满足以下条件：

1.几何相似

两台水泵过流部分相应点的同名角相等，同名尺寸比值相等。如图1-33所示，现设有两台水泵的叶轮，一个为实际泵的叶轮；另一个为模型泵的叶轮，若以下标m表示模型泵的参数，则几何相似应该满足：

$$a_1 = a_m、a_2 = a_{2m}、\beta_1 = \beta_{1m}、\beta_2 = \beta_{2m} \tag{1-19}$$

$$\frac{b_2}{b_{2m}} = \frac{D_2}{D_{2m}} = \lambda \tag{1-20}$$

式中　b_2、b_{2m}——分别为实际泵与模型泵叶轮的出口宽度；

　　　D_2、D_{2m}——分别为实际泵与模型泵叶轮的外径；

　　　λ——任意一对同名线性尺寸的比值。

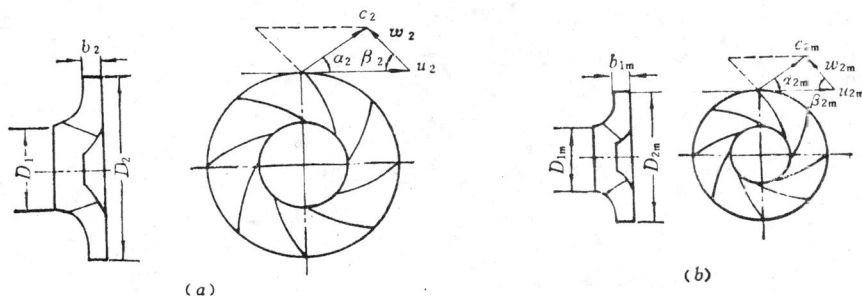

图 1-33　两台水泵的几何相似与运动相似

（a）实际泵；（b）模型泵

2.运动相似

两台水泵内相应点上水流的同名速度方向相同，大小成同一比例。也即在相应点上水流的速度三角形相似，如图1-33所示，在叶轮出口处有：

$$\frac{c_2}{c_{2m}} = \frac{w_2}{w_{2m}} = \frac{u_2}{u_{2m}} = \frac{nD_2}{n_m D_{2m}} = \lambda \frac{n}{n_m} \tag{1-21}$$

$$\frac{c_{2u}}{(c_{2u})_m} = \frac{c_{2m}}{(c_{2m})_m} = \frac{u_2}{u_{2m}} = \lambda \frac{n}{n_m} \tag{1-22}$$

3.动力相似

两台水泵相应点上所受的同名力的比值相等，方向相同。这些力有：惯性力、粘性力、重力等。根据流体力学原理，只要两者雷诺数相等就处于动力相似中。一般水泵中水流的雷诺数都大于10^5，这样即使它们的雷诺数不相等，由于它们已落在自模区内，所以能自动满足动力相似的要求。

凡是两台水泵能满足相似条件，称为工况相似水泵。

二、相似定律

1.第一相似定律

确定两台工况相似水泵的流量之间关系。

由式（1-16）可知：水泵的流量$Q = \eta_v Q_T$

即
$$Q = \eta_v F_2 c_{2m}$$

因为
$$F_2 = \pi D_2 b_2 \Phi_2$$

式中 Φ_2——考虑叶片厚度而引起的出口截面减少的排挤系数，对于几何相似的叶轮，

$$\Phi_2 = \Phi_{2m}。$$

所以
$$\frac{Q}{Q_m} = \frac{\eta_v \pi D_2 b_2 \Phi_2 c_{2m}}{(\eta_v)_m \pi D_{2m} b_{2m} \Phi_{2m} (c_{2m})_m}.$$

将（1-20）、（1-22）代入上式，并整理得：

$$\frac{Q}{Q_m} = \lambda^3 \frac{\eta_v}{(\eta_v)_m} \cdot \frac{n}{n_m} \qquad (1-23)$$

上式表示两台工况相似水泵的流量与转速及容积效率的一次方成正比，与线性比例尺的三次方成正比。这个关系称为水泵的第一相似定律。

2.第二相似定律

确定两台工况相似水泵的扬程之间关系。

由式（1-15）可知：水泵的扬程$H = \eta_h \cdot H_T$

即
$$H = \eta_h \cdot \frac{u_2 c_{2u}}{(1+P)g}$$

对于几何相似的叶轮，其修正系数$P \doteq P_m$，则：

$$\frac{H}{H_m} = \frac{\eta_h}{(\eta_h)_m} \cdot \frac{u_2 c_{2u}}{u_{2m}(c_{2u})_m}$$

将（1-22）式代入上式得：

$$\frac{H}{H_m} = \lambda^2 \frac{\eta_h}{(\eta_h)_m} \cdot \left(\frac{n}{n_m}\right)^2 \qquad (1-24)$$

上式表示两台工况相似水泵的扬程与转速及线性比例尺的二次方成正比，与水力效率的一次方成正比。这个关系称为水泵的第二相似定律。

3.第三相似定律

确定两台工况相似水泵的轴功率之间关系。

由（1-3）式可知：水泵的轴功率 $N = \frac{\gamma Q H}{1000 \cdot \eta}$

所以
$$\frac{N}{N_m} = \frac{\gamma Q H \eta_m}{\gamma_m Q_m H_m \eta}$$

将（1-18）、（1-23）及（1-24）式代入上式得：

$$\frac{N}{N_m} = \lambda^5 \frac{(\eta_M)_m}{\eta_M} \cdot \left(\frac{n}{n_m}\right)^3 \cdot \frac{\gamma}{\gamma_m}$$

当两台泵输送液体的重度相等时，$\gamma = \gamma_m$，则：

$$\frac{N}{N_m} = \lambda^5 \frac{(\eta_M)_m}{\eta_M} \cdot \left(\frac{n}{n_m}\right)^3 \qquad (1-25)$$

上式表示当被抽升液体的重度相等时，两台工况相似水泵的轴功率与转速的三次方成正比，与线性比例尺的五次方成正比，与机械效率成反比。这个关系称为水泵的第三相似定律。

在实际应用中，如实际泵与模型泵的尺寸相差不大，且转速相差也不大时，可近似地

认为实际泵与模型泵的效率相等，即 $\eta_h = (\eta_h)_m$、$\eta_v = (\eta_v)_m$、$\eta_M = (\eta_M)_m$，则相似定律可以简化为：

$$\frac{Q}{Q_m} = \lambda^3 \frac{n}{n_m} \tag{1-26}$$

$$\frac{H}{H_m} = \lambda^2 \left(\frac{n}{n_m}\right)^2 \tag{1-27}$$

$$\frac{N}{N_m} = \lambda^5 \left(\frac{n}{n_m}\right)^3 \tag{1-28}$$

三、比例律

对同一台水泵而言，$\lambda = 1$，则当水泵以不同转速运行时，水泵的流量、扬程、轴功率与转速的关系，可用下式表示：

$$\frac{Q_1}{Q_2} = \frac{n_1}{n_2} \tag{1-29}$$

$$\frac{H_1}{H_2} = \left(\frac{n_1}{n_2}\right)^2 \tag{1-30}$$

$$\frac{N_1}{N_2} = \left(\frac{n_1}{n_2}\right)^3 \tag{1-31}$$

式中　Q_1、H_1、N_1——分别是转速为 n_1 时的流量、扬程和轴功率；

　　　Q_2、H_2、N_2——分别是转速为 n_2 时的流量、扬程和轴功率。

以上三式称为比例律，是相似定律的特例。说明同一台水泵当转速改变时，流量与转速的一次方成正比，扬程与转速的二次方成正比，轴功率与转速的三次方成正比。应用比例律，可进行变速调节计算，详见本章第九节。

四、比转数

上述相似定律只能分别表示工况相似水泵的流量、扬程、轴功率之间的相似关系。为了对叶片泵进行分类，将同类型的泵组成一个系列，便于水泵的设计和使用，这就需要有一个包括流量、扬程及转速等设计参数在内的综合相似特征数，作为叶片泵分类、比较的标准，这个特征数就称为叶片泵的比转数，用符号 n_s 表示。

1.叶片泵的比转数

由公式（1-26）、（1-27）得：

$$\frac{Q}{n} = \lambda^3 \frac{Q_m}{n_m} \tag{1-32}$$

$$\frac{H}{n^2} = \lambda^2 \frac{H_m}{n_m^2} \tag{1-33}$$

将公式（1-32）两端平方，并将公式（1-33）两端立方后相除，消去 λ，开四次方可得：

$$\frac{n\sqrt{Q}}{H^{3/4}} = \frac{n_m\sqrt{Q_m}}{H_m^{3/4}} \tag{1-34}$$

（1-34）式表示两台工况相似的泵，它们的流量、扬程和转数一定符合上式所示关系。即将工况相似泵的性能参数值代入式中计算，所得的值是相同的。为此，我们把各种叶片泵分为若干个相似泵群，在每一个相似泵群中，拟用一台标准模型泵作代表，用它的几个主要性能参数（Q、H、n）来反映该群相似泵的共同特征和叶轮形状。

标准模型泵的确定：在最高效率下，当有效功率$N_e = 0.735$kW，扬程$H_m = 1$m，流量$Q_m = 0.075$m³/s时，该模型泵的转速，就称为与它相似的实际泵的比转数n_s。

将式（1-34）中模型泵的转数用n_s表示，并将公式两端乘以$\dfrac{H_m^{3/4}}{\sqrt{Q_m}}$得：

$$n_s = n \left(\frac{Q}{Q_m}\right)^{1/2} \left(\frac{H_m}{H}\right)^{3/4}$$

然后，将$H_m = 1$m，$Q_m = 0.075$m³/s，代入上式得：

$$n_s = \frac{3.65n\sqrt{Q}}{H^{3/4}} \qquad (1-35)$$

式中　　n——水泵的额定转速（r/min）；

Q——水泵的额定流量（m³/s）；

H——水泵的额定扬程（m）。

由上述比转数公式推导中可以看出，比转数n_s实质上是相似定律中的一个特例，是泵相似与否的判别数。凡是工况相似的水泵，比转数必定相等。例如10Sh-19型离心泵，数字"19"即表示此离心泵的比转数为190，凡是与它工况相似的泵，其比转数必定等于190。在应用（1-35）式时，应注意下列几点：

（1）Q和H是指水泵最高效率时的流量和扬程，也即水泵的额定工况点。

（2）比转数n_s是根据所抽升液体的密度$\rho = 1000$kg/m³时得出的，故以抽清水为标准。

（3）公式中Q和H是指单吸、单级泵的设计流量和设计扬程。

对于双吸单级泵，流量应以$\dfrac{Q}{2}$代入，即式中以单侧流量计算。则

$$n_s = \frac{3.65n\sqrt{\dfrac{Q}{2}}}{H^{3/4}} \qquad (1-36)$$

对于单吸多级泵，扬程应以$\dfrac{H}{i}$代入，即式中以单级扬程计算。则

$$n_s = \frac{3.65n\sqrt{Q}}{\left(\dfrac{H}{i}\right)^{3/4}} \qquad (1-37)$$

式中　　i——叶轮级数。

（4）比转数虽是个相似特征数，但它是有因次的。由于各国习惯不同，所采用的公式及性能参数的单位不同，计算得到的比转数也不同，表1-3列出了比转数的换算表。

【例1-1】 已知10Sh型泵，额定工况点的参数为$Q = 486$m³/h，$H = 14$m，$n = 1450$r/min，求该泵的比转数$n_s = ?$

【解】 由于Sh型泵是双吸泵，故采用式（1-36）得：

$$n_s = \frac{3.65n\sqrt{\dfrac{Q}{2}}}{H^{3/4}} = \frac{3.65 \times 1450 \times \sqrt{\dfrac{486}{2} \times \dfrac{1}{3600}}}{14^{3/4}} = 190$$

在水泵样本中一般表示为10Sh-19型。

比转数 n_s 换算表 表 1-3

公式	$n_s=\dfrac{3.65n\sqrt{Q}}{H^{3/4}}$	$n_s=\dfrac{n\sqrt{Q}}{H^{3/4}}$		
国家	中国	美国	英国	日本
单位	米³/秒 米 转/分	美加仑/分 英尺 转/分	英加仑/分 英尺 转/分	米³/分 米 转/分
换算值	1 0.0706 0.077 0.47	14.15 1 1.1 6.68	12.91 0.91 1 6.08	2.12 0.15 0.16 1

【例 1-2】 有一台九级单吸水泵，额定工况点的参数为 $Q=88\text{L/s}$，$H=319.5\text{m}$，$n=1450\text{r/min}$，求比转数 $n_s=?$

【解】
$$n_s=\frac{3.65n\sqrt{Q}}{\left(\frac{H}{i}\right)^{3/4}}=\frac{3.65\times1450\times\sqrt{0.088}}{\left(\frac{319.5}{9}\right)^{3/4}}=108$$

该泵属于中比转数离心泵。

2.用比转数对泵进行分类

由比转数公式可知，在一定转速下，H越高，Q越小，n_s就越低；反之，H越低，Q越大，n_s就越高。利用比转数n_s的大小，可对叶片泵进行分类。

如图1-34所示，比较数在一定程度上反映了叶轮的几何形状。对于低比转数泵，为了

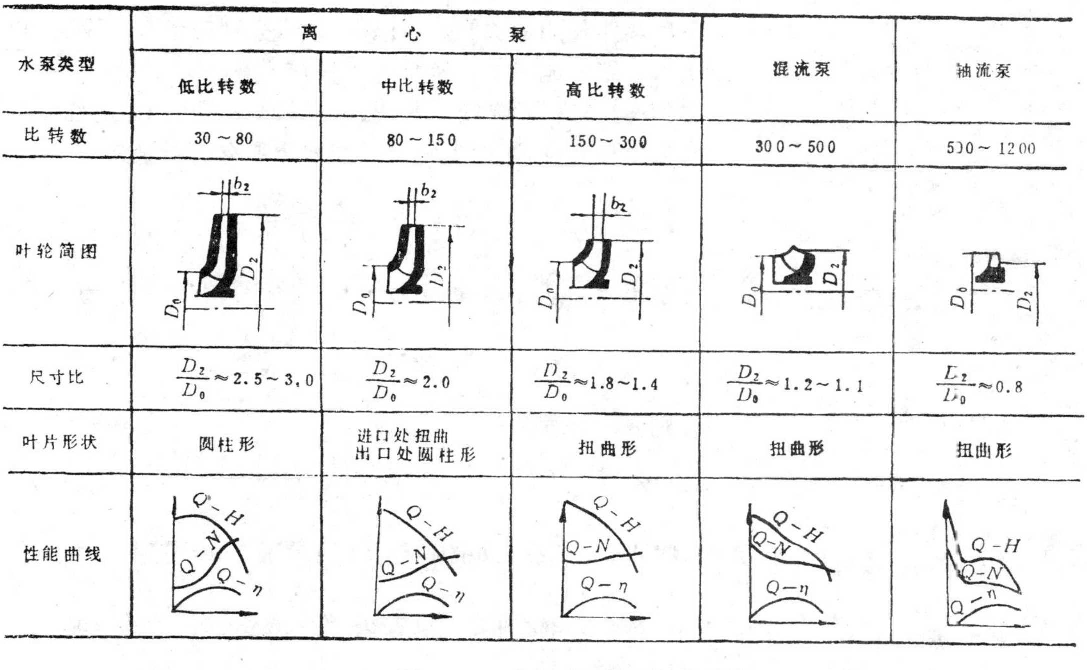

水泵类型
离心泵
低比转数
中比转数
高比转数
混流泵
轴流泵
比转数
30～80
80～150
150～300
300～500
500～1200
叶轮简图
b_2
D_2
D_0
尺寸比
$\frac{D_2}{D_0}\approx2.5\sim3.0$
$\frac{D_2}{D_0}\approx2.0$
$\frac{D_2}{D_0}\approx1.8\sim1.4$
$\frac{D_2}{D_0}\approx1.2\sim1.1$
$\frac{D_2}{D_0}\approx0.8$
叶片形状
圆柱形
进口处扭曲 出口处圆柱形
扭曲形
扭曲形
扭曲形
性能曲线
Q-H
Q-N
Q-η

图 1-34 水泵叶轮按比转数分类

得到高扬程、小流量，必须增加叶轮外径D_2，减小内径D_0和出口宽度b_2。其$\dfrac{D_2}{D_0}$可以大到3.0；$\dfrac{b_2}{D_2}$可以小到0.03，结果使叶轮变为外径很大，而宽度小，叶轮流槽狭长，出水方向是径向。随着n_s的增大，$\dfrac{D_2}{D_0}$由大到小；$\dfrac{b_2}{D_2}$由小到大，叶轮外形就变为外径小而宽度大，叶槽由狭长而变为粗短。当$\dfrac{D_2}{D_0}=1.2\sim1.1$时，$n_s=300\sim500$，离心泵变为混流泵，其出水方向为斜向。当$\dfrac{D_2}{D_0}=0.8$时，$n_s=500\sim1200$，混流泵变为轴流泵，其出水方向沿轴向。由此可见，根据比转数的大小，可将叶片泵分为离心泵、混流泵和轴流泵三大类，其中离心泵又可分为低比转数、中比转数和高比转数三种。

第七节　叶片泵装置的总扬程

叶片泵的性能曲线反映了泵本身的性能。在实际工程中，水泵要与管路及其附件组成

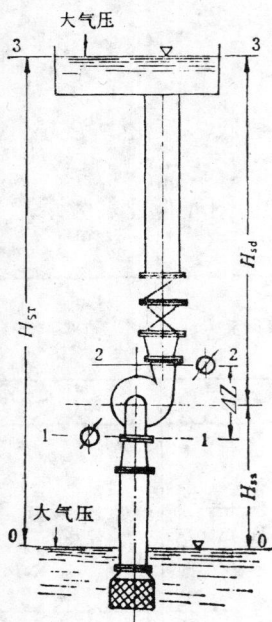

图 1-35　离心泵装置

一个系统装置，才能发挥其作用。那么，这种装置所需要的扬程怎么确定，也就是说，在泵站的管理中，如何来计算正在运行中叶片泵的扬程呢？在进行泵站的工艺设计时，又如何依据原始资料计算所需的扬程？这就是本节所要解决的问题。

一、运行状态下叶片泵装置扬程的确定

由本章第三节可知，水泵的扬程表示每公斤液体通过水泵后其能量的增加值。若以E_1、E_2分别表示水泵吸水口及出水口处的比能，则水泵的扬程$H=E_2-E_1$。

如图1-35所示离心泵装置，若以吸水水面0-0为基准面，则泵吸水口处1-1断面上每公斤液体所具有的能量为：

$$E_1=Z_1+\frac{p_1}{\rho g}+\frac{v_1^2}{2g}$$

泵出水口处2-2断面上每公斤液体所具有的能量为：

$$E_2=Z_2+\frac{p_2}{\rho g}+\frac{v_2^2}{2g}$$

则泵的扬程为：

$$H=E_2-E_1=(Z_2-Z_1)+\left(\left(\frac{p_2-p_1}{\rho g}\right)+\frac{v_2^2-v_1^2}{2g}\right. \tag{1-38}$$

式中　Z_1、$\dfrac{p_1}{\rho g}$、v_1——相应于泵吸水口1-1断面处的位置头、绝对压头和流速头（m）；

Z_2、$\dfrac{p_2}{\rho g}$、v_2——相应于泵出水口2-2断面处的位置头、绝对压头和流速头（m）。

而　　　　　　　　　　　　　$p_1=p_a-p_v$ 　　　　　　　　　　 (1-39)

26

$$p_2 = p_a + p_d \qquad\qquad (1\text{-}40)$$

式中　p_a——大气压力（kPa）；

　　　　p_v——真空表读数（kPa），即低于一个大气压的数值。若以水柱高度表示真空表

　　　　　　读数，并用符号H_v表示，则$H_v = \dfrac{p_v}{\rho g}$（m）；

　　　　p_d——压力表读数（kPa），即超过一个大气压的数值。若以水柱高度表示压力表

　　　　　　读数，并用符号H_d表示，则$H_d = \dfrac{p_d}{\rho g}$（m）。

将（1-39）、（1-40）式代入式（1-38）得：

$$H = \Delta Z + \frac{p_a + p_v}{\rho g} + \frac{v_2^2 - v_1^2}{2g}$$

上式以$H_d = \dfrac{p_d}{\rho g}$、$H_v = \dfrac{p_v}{\rho g}$代入得：

$$H = H_d + H_v + \frac{v_2^2 - v_1^2}{2g} + \Delta Z \qquad\qquad (1\text{-}41)$$

在水厂实际运行中（$\dfrac{v_2^2 - v_1^2}{2g} + \Delta Z$）相对于总扬程值较小，往往可以忽略不计，则式（1-41）可写为：

$$H = H_d + H_v \qquad\qquad (1\text{-}42)$$

（1-42）式表示，正在运行中水泵装置的工作扬程等于泵吸水口处真空表读数和出水口处压力表读数（m）之和。

【例 1-3】　如图1-35所示离心泵装置，工作点流量为$Q = 130$L/s，泵吸水口直径$d_s = 250$mm，出水口直径$d_d = 200$mm，真空表读数$H_v = 4$m，压力表读数$H_d = 33$m，$\Delta Z = 0.3$m。求水泵的扬程。

【解】　由公式（1-41）

$$H = H_d + H_v + \frac{v_2^2 - v_1^2}{2g} + \Delta Z$$

$$v_1 = \frac{\Delta Q}{\pi d_s^2} = \frac{4 \times 0.13}{3.14 \times 0.25^2} = 2.65\,\text{m/s}$$

$$v_2 = \frac{4Q}{\pi d_d^2} = \frac{4 \times 0.13}{3.14 \times 0.2^2} = 4.14\,\text{m/s}$$

$$H = 33 + 4 + \frac{4.14^2 - 2.85^2}{2 \times 9.8} + 0.3$$

$$H = 37.8\,\text{m}$$

二、选择水泵时所需扬程的确定

由图1-35列出基准面0-0和泵吸水口断面1-1的能量方程式，可得：

$$\frac{p_a}{\rho g} = Z_1 + \frac{p_1}{\rho g} + \frac{v_1^2}{2g} + \Sigma h_s$$

将$Z_1 = H_{ss} - \dfrac{\Delta Z}{2}$，$p_1 = p_a - p_v$代入上式并移项得：

$$H_v = H_{ss} + \Sigma h_s + \frac{v_1^2}{2g} - \frac{\Delta Z}{2} \qquad\qquad (1\text{-}43)$$

式中 H_{ss} ——水泵吸水地形高度（m），也即自水泵吸水井（池）水面的测压管高度至泵轴之间的垂直距离（如吸水井是敞开的，H_{ss} 即为吸水井水面与泵轴之间的高差）；

Σh_s ——吸水管路中的水头损失（m）。

同样，列出泵出水口断面2-2和断面3-3的能量方程式，整理后得：

$$H_d = H_{sd} + \Sigma h_d - \frac{v_2^2}{2g} - \frac{\Delta Z}{2} \qquad (1\text{-}44)$$

式中 H_{sd} ——水泵压水地形高度（m），也即从泵轴至水箱的最高水位或密闭水箱液面的测压管高度之间的垂直距离；

Σh_d ——出水管路中的水头损失（m）。

将式（1-43）、（1-44）代入式（1-41）得：

$$H = H_{ss} + H_{sd} + \Sigma h_s + \Sigma h_d \qquad (1\text{-}45)$$

也即：

$$H = H_{ST} + \Sigma h \qquad (1\text{-}46)$$

式中 H_{ST} ——水泵的静扬程（m）。$H_{ST} = H_{ss} + H_{sd}$，也即水泵吸水井的最低水位至水箱（或密闭水箱）最高水位之间的测压管高差；

Σh ——吸、出水管路中水头损失之和（m），也即 $\Sigma h = \Sigma h_s + \Sigma h_d$。

式（1-46）表明，水泵向管路输水时所消耗的总扬程等于水泵静扬程和管路中水头损失之和。由这个关系确定的扬程，可以作为选择水泵的依据。

上述介绍的叶片泵装置扬程的计算公式，对于其它布置形式的水泵装置也都适用。如图1-36所示为自灌式水泵装置示意图，水泵的吸水口和出水口都装有压力表，若以泵吸水口轴线为基准面，该水泵装置的扬程为：

$$H = E_2 - E_1 = \left(Z + \frac{p_2}{\rho g} + \frac{v_2^2}{2g} \right) - \left(\frac{p_1}{\rho g} + \frac{v_1^2}{2g} \right)$$

而

$$p_1 = p_a + p_d'$$
$$p_2 = p_a + p_d$$

式中 p_d'、p_d ——分别为泵吸水口、出水口处的压力表读数（Pa）。

因此：

$$H = \frac{p_d}{\rho g} - \frac{p_d'}{\rho g} + \frac{v_2^2 - v_1^2}{2g} + Z$$

上式以 $H_d = \frac{p_d}{\rho g}$、$H_d' = \frac{p_d'}{\rho g}$ 代入得：

$$H = H_d - H_d' + \frac{v_2^2 - v_1^2}{2g} + Z \qquad (1\text{-}47)$$

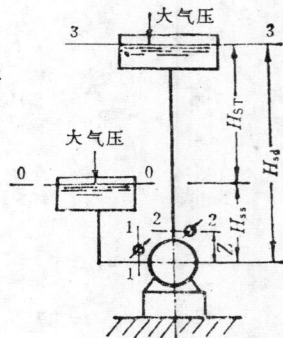

图 1-36 自灌式水泵装置示意图

式中 $\left(\frac{v_2^2 - v_1^2}{2g} + Z \right)$ 数值较小，实际应用中往往忽略不计，则扬程公式简化为：

$$H = H_d - H_d' \qquad (1\text{-}48)$$

同理，列出2-2断面和3-3断面，0-0断面和1-1断面的能量方程式，并整理得：

$$H_d = H_{sd} + \Sigma h_d - \frac{v_2^2}{2g} - Z \qquad (1\text{-}49)$$

$$H'_d = H_{ss} - \Sigma h_s - \frac{v_1^2}{2g} \qquad (1-50)$$

将（1-49）、（1-50）式代入（1-47）式，可得：

$$H = H_{sd} - H_{ss} + \Sigma h_s + \Sigma h_d$$

也即

$$H = H_{ST} + \Sigma h \qquad (1-51)$$

【例1-4】 已知下列数据，求该水泵装置的扬程。

水泵流量 $Q = 130L/s$，泵吸水口直径 $d_s = 300mm$；吸水管直径 $D_s = 350mm$；吸水管长 $L_1 = 20m$，泵出水口直径 $d_d = 250mm$；出水管直径 $D_d = 300mm$；出水管长 $L_2 = 200$ mm。吸水池水位标高为300.00m；水塔水位标高为333.00m。在吸水管路上装有一个喇叭口，一个90°弯头，一个偏心渐缩管。出水管路局部损失按沿程损失的10%计（吸、出水管路均采用钢管）。

【解】 查水力计算表：

$Q = 130L/s$ 时，

当 $D_s = 350mm$；$i_1 = 0.00689$；$v_1 = 1.3m/s$

当 $D_d = 300mm$；$i_2 = 0.0159$；$v_2 = 1.78m/s$

喇叭口 $\zeta_口 = 0.56$；90°弯头 $\zeta_{90°} = 0.48$；渐缩管 $\zeta_{渐缩} = 0.20$

计算：

吸水管路沿程损失 $\quad h_1 = i_1 L_1 = 0.00689 \times 20 = 0.14m$

吸水管路局部损失 $\quad h_2 = \Sigma \zeta \frac{v^2}{2g}$

$$= (1 \times \zeta_口 + 1 \times \zeta_{90}) \frac{v_1^2}{2g} + \zeta_{渐缩} \frac{v_2^2}{2g}$$

$$= (0.56 + 0.48) \frac{1.3^2}{2 \times 9.8} + 0.20 \frac{1.78^2}{2 \times 9.8} = 0.12m$$

吸水管路中总水头损失为：

$$\Sigma h_s = h_1 + h_2 = 0.14 + 0.12 = 0.26m$$

出水管路中总水头损失为

$$\Sigma h_d = 1.1 i_2 L_2 = 1.1 \times 0.0159 \times 200 = 3.5m$$

水泵的静扬程 $\quad H_{ST} = 333 - 300 = 33m$

水泵装置的总扬程为：

$$H = H_{ST} + \Sigma h = 33 + 0.26 + 3.5$$

$$H = 36.76m$$

第八节 叶片泵装置工作点的确定

在第五节中，我们讨论了叶片泵的性能曲线，它反映了泵本身潜在的工作能力。但是，水泵装置在实际运行时，究竟是处于性能曲线上哪一点工作，这不是完全由泵本身所决定的，而是由泵和管路系统共同决定的。因此，若确定泵的实际工作点（或工况点），还需要研究管路性能。

一、管路特性曲线

由水力学中得知，流体在管路中流动存在着水头损失，包括沿程损失和局部损失，即：

$$\Sigma h = \Sigma h_\text{f} + \Sigma h_\text{m} \qquad (1\text{-}52)$$

式中　Σh_f——管路中沿程水头损失之和（m）；

　　　Σh_m——管路中局部水头损失之和（m）。

沿程水头损失的计算，详见《给水排水设计手册》第二分册。当采用比阻（A）公式时：

$$\Sigma h_\text{f} = \Sigma AKLQ^2$$

式中　K——修正系数，对于钢管 $K = K_1 K_s$；对于铸铁管 $K = K_s$。K_1、K_s 值可查阅管渠、水力计算表。

局部水头损失计算公式为：

$$\Sigma h_\text{m} = \Sigma \zeta \frac{v^2}{2g} = \Sigma \zeta \frac{Q^2}{2g\left(\frac{\pi D^2}{4}\right)^2}$$

式中　ζ——局部阻力系数。其值与局部水头损失类型有关，可查阅水力计算表。

因此，式（1-52）可写为：

$$\Sigma h = \left[\Sigma AKL + \Sigma \zeta \frac{1}{2g\left(\frac{\pi D^2}{4}\right)^2} \right] Q^2 \qquad (1\text{-}53)$$

当管路系统布置已定后，则管路长度 L、管径 D、比阻 A、修正系数 K 以及局部阻力系数 ζ 值都不变，上式括号内数值为一常数。为计算方便，用 S 来表示，则：

$$\Sigma h = SQ^2 \qquad (1\text{-}54)$$

式中　S——表示长度、管径已定的管路的沿程阻力与局部阻力之和的系数。

由式（1-54）可知，管路水头损失与流量的平方成正比，它是一条通过坐标原点的二次抛物线，称为管路损失曲线，以 $Q\text{-}\Sigma h$ 表示，如图1-37所示。曲线的形状、位置取决于管路装置、液体性质和流动阻力。

为了确定水泵装置的工作点，将上述管路损失曲线与静扬程联系起来考虑，即按公式 $H = H_\text{ST} + \Sigma h$ 绘制出的曲线，称为管路特性曲线，如图1-38所示。该曲线上任意点 k，表示水泵输送流量为 Q_k，提升静扬程为 H_ST 时，管路中损失的能量为 h_k，这时，管路系统所需的扬程 $H_k = H_\text{ST} + h_k$。流量不同时，管路中损失的能量值不同，管路系统所需的扬程也不相同。

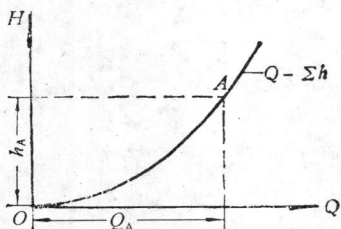

图 1-37　管路损失曲线　　　　　　　　图 1-38　管路特性曲线

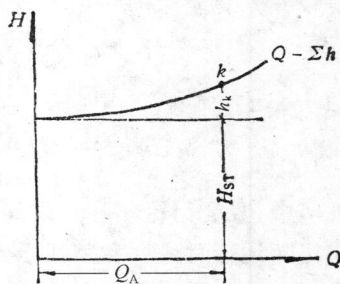

二、叶片泵装置工作点的确定

叶片泵的性能曲线Q-H随着流量的增大而下降，管路特性曲线Q-Σh随着流量的增大而上升。如图1-39所示，画出水泵样本中提供的该泵Q-H曲线，再按公式$H=H_{ST}+\Sigma h$画出管路特性曲线，两条曲线相交于A点，即为叶片泵装置的工作点。A点相应流量为Q_A，扬程为H_A。这时，水泵所供给的扬程与管路系统所需要的扬程相等。所以，A点是供需的平衡点，即矛盾的统一点。只要外界条件不发生变化，水泵装置将稳定在A点工作。

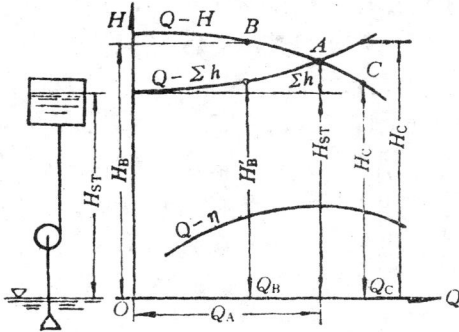

图 1-39　叶片泵工作点的确定　　　　图 1-40　折引性能曲线法求工作点

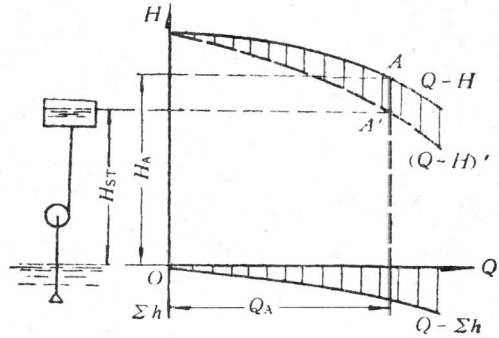

如图1-39所示，如果水泵在B点工作，则水泵所供给的扬程H_B大于管路系统所需要的扬程H_B'，也即［供给］＞［需要］，这时，多余的能量将以动能的形式，使管中水流加速，流量加大，水泵的工作点将自动向流量增大的一侧移动，直到移至A点为止。反之，如果水泵在C点工作，水泵所供给的扬程H_C小于管路系统所需要的扬程H_C'，也即［供给］＜［需要］，管中水流能量不足，流速减缓，流量随之减小，水泵装置的工作点将向流量减小的一侧移动，直到退回A点为止。

水泵装置工作点确定后，其对应的轴功率、效率、允许吸上真空高度或允许汽蚀余量等参数值，可从其相应的性能曲线中查得。

叶片泵装置的工作点也可以用"折引性能曲线法"求得。如图1-40所示，先在沿Q坐标轴的下面画出管路损失曲线Q-Σh，再在水泵的Q-H性能曲线上减去相应流量下的水头损失，得（Q-H）′曲线，此（Q-H）′曲线称为折引性能曲线。然后，在H轴上以H_{ST}为截距做Q轴平行线，与（Q-H）′曲线相交于A'点，由A'点向上作垂线引伸与Q-H曲线相交于A点，则A点的纵坐标H_A，即为水泵的工作扬程，其值为$H_A=H_{ST}+\Sigma h$。在A点水泵供给的扬程与管路系统所需要的扬程相等，A点称为该叶片泵装置的工作点，其相应的流量为Q_A。

三、叶片泵装置工作点的改变

综上所述，叶片泵装置的工作点是建立于水泵和管路系统能量供需关系的平衡上。但是，水泵和管路系统供需矛盾的统一是有条件的、暂时的、相对的。这个条件就是水泵性能、管路损失和静扬程等因素不变。如果其中任一因素发生变化，供需就失去平衡，这时，只有在新的条件下，才能重新平衡。这样的情况，在城市供水中是随时都在发生着的。例如：在有对置水塔的城市管网中，在白天，城市中用水量增大，管网内压力下降，由泵站和水塔分别从两端向管网供水，管网中出现一供水分界线。这时，对水泵装置而言，静扬程降低，水泵装置的工作点将自动向流量增大侧移动（由C点至A点），如图1-41所示。

相反，在夜间，城市中用水量减少，管网供水过剩，水通过管网转输至水塔，水泵装置的静扬程提高，如图1-41所示，水泵的工作点将沿Q-H曲线向流量减小侧移动（由A点至C点），使供水量减小。因此，泵站在工作中，只要城市管网中用水量是变化的，管网压力也就随之变化，致使叶片泵装置的工作点也作相应的变动，并按上述能量供需的关系，自动地去建立新的平衡。

上例说明，叶片泵装置的工作点，实际上是在一个相当幅度的区间内移动着的。然而，当管网中压力的变化幅度太大时，水泵的工作点将会移出"高效段"以外，在较低效率处工作。若要想提高工作点效率，就必须人为地改变水泵装置的工作点，这种人为改变工作点的方法，称为工作点的调节，具体方法在下节讲述。

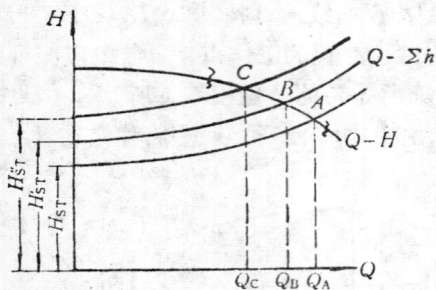

图 1-41　水泵装置工作点的改变

第九节　叶片泵装置工作点的调节

上节已阐明，叶片泵装置的工作点是由水泵性能曲线和管路特性曲线的交点来确定的。因此，人为地调节工作点，可以用两种方法来达到：一是改变泵本身的性能曲线；二是改变管路特性曲线。

改变泵本身性能曲线的方法有：变径调节、变速调节、变角调节及两台以上水泵的并联及串联工作。改变管路特性曲线的方法常用调节出水阀门开启度。现分述如下：

一、变径调节

将水泵叶轮外径切削，可以改变水泵的性能，扩大水泵的使用范围，这种调节方法称变径调节，又称切削调节。

变径调节在水泵的生产制造已广泛应用。前面曾提到IS、S、Sh型泵，除标准直径的叶轮外，还有一、两种叶轮被切削的型号，用字母"A"、"B"标明。如150S50型泵叶轮直径为206mm，150S50A型泵叶轮直径为185mm，150S50B型泵叶轮直径为170mm。使用单位也可以根据需要切削叶轮，以达到调节水泵工作点的目的。

叶轮切削后，水泵的流量、扬程、功率都相应降低。在一定的切削限度内，切削前后水泵的性能变化关系，可用下列公式表示：

$$\frac{Q}{Q'} = \frac{D_2}{D_2'} \tag{1-55}$$

$$\frac{H}{H'} = \left(\frac{D_2}{D_2'}\right)^2 \tag{1-56}$$

$$\frac{N}{N'} = \left(\frac{D_2}{D_2'}\right)^3 \tag{1-57}$$

式中　Q、H、N、D_2——分别为叶轮切削前的流量、扬程、轴功率和叶轮外径；

Q'、H'、N'、D_2'——分别为叶轮切削后的流量、扬程、轴功率和叶轮外径。

公式（1-55）、（1-56）、（1-57）称为水泵叶轮的切削定律。

切削定律是建立于试验资料的基础上，它认为如果叶轮的切削量，控制在一定限度内，则切削前后水泵相应的效率可视近似不变。此切削限量与水泵的比转数有关，表1-4列出了常用的叶轮切削限量。

叶 轮 切 削 限 量   表 1-4

比转数 n_s	60	120	200	300	350	350以上
最大允许切削量(%)	20	15	11	9	7	0
效率下降值	每切削10%，效率下降1%			每切削4%，效率下降1%		

消去式（1-55）、（1-56）中的 $\dfrac{D_2}{D_2'}$ 得：

$$\frac{H}{Q^2} = \frac{H'}{Q'^2} = K \tag{1-58}$$

亦即

$$H = KQ^2 \tag{1-59}$$

式中 K ——切削系数。

（1-59）式是以坐标原点为顶点的二次抛物线，称为切削抛物线。切削抛物线上的点均为相似工况点。

在实际应用切削定律时，通常采用绘制切削抛物线的方法，来计算切削量。例如，已知水泵叶轮外径为 D_2 时的 Q-H 曲线，但所需要的工作点为 A'（Q_A'、H_A'）位于 Q-H 曲线的下面，若采用切削叶轮进行调节，使切削后水泵的性能曲线通过 A' 点，求切削后叶轮的外径 D_2'。

解决这类问题，首先将 A' 点的 Q_A'、H_A' 代入式（1-58）中，求出 K 值，再按式（1-59）点绘出切削抛物线，使它与水泵 Q-H 曲线相交于 A 点，如图1-42所示，此点 A（Q_A、Q_A）即为满足切削定律要求的 A' 点的对应点。然后，再将 A' 点的 Q_A' 和 A 点的 Q_A 值代入式（1-55），就可求出切削后的叶轮外径 D_2' 值。切削量的百分数为：

$$切削量（\%）= \frac{D_2 - D_2'}{D_2} \times 100\% \tag{1-60}$$

按照切削后的叶轮外径 D_2'，再用切削定律，将原有的 Q-H 曲线，换算成切削后的性能曲线 Q'-H'。此时 D_2 和 D_2' 均为已知数，首先在 Q-H 曲线上任意取5～6个点，如图1-43中的 1、2、3、4、5点，其流量分别为 Q_1、Q_2、Q_3、Q_4、Q_5，其扬程分别为 H_1、H_2、H_3、H_4、H_5。然后，用（1-55）、（1-56）式进行计算，得出：

$$Q_1' = \frac{D_2'}{D_2}Q_1 ; Q_2' = \frac{D_2'}{D_2}Q_2 \cdots\cdots Q_5' = \frac{D_2'}{D_2}Q_5;$$

$$H_1' = \left(\frac{D_2'}{D_2}\right)^2 H_1 ; \quad H_2' = \left(\frac{D_2'}{D_2}\right)^2 H_2 \cdots\cdots H_5' = \left(\frac{D_2'}{D_2}\right)^2 H_5$$

将算出的（Q_1'、H_1'），（Q_2'、H_2'）……（Q_5'、H_5'）值点绘在坐标上。最后，用光滑曲线连接起来，即得出切削后的 Q'-H' 曲线。

同理，可换算出切削后的 Q'-N'、Q'-η' 曲线。

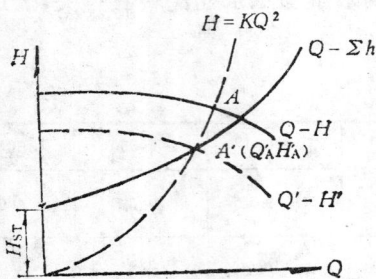

图 1-42　用切削抛物线求切削量

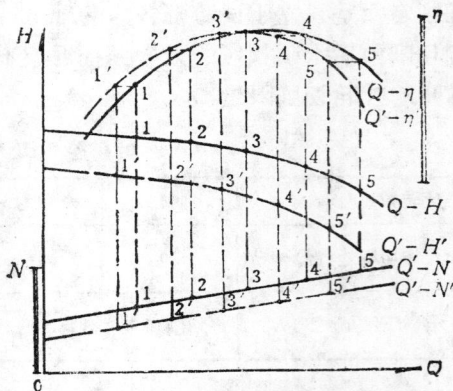

图 1-43　切削后性能曲线的换算

【例 1-5】 已知一台IS型水泵$n_s = 120$，其性能曲线$Q-H$和管路系统特性曲线，如图1-44所示。该泵叶轮外径为174mm，原工作点A的流量$Q_A = 27.3$L/s，扬程$H_A = 33.8$m，若流量减少10%，问应切削叶轮外径多少？

【解】 如图1-44所示，流量为$0.9Q_A$时，水泵的工作点A要发生移动，$0.9Q_A = 0.9 \times 27.3 = 24.6$L/s，通过24.6L/s作垂线，交管路系统特性曲线于C点，C点即为叶轮切削后水泵的工作点。在图中可以查出C点的扬程$H_C = 31$m，将$Q_C = 24.6$L/s，$H_C = 31$m代入（1-58）式得：

$$K = \frac{H_C}{Q_C^2} = \frac{31}{24.6^2} = 0.051$$

即

$$H = 0.051Q^2$$

利用上式可作出切削抛物线，假定几个Q，计算H，列表如下：

Q(L/s)	0	5	10	15	20	23	25	27
H(m)	0	1.29	5.12	11.5	20.5	27.1	32.0	37.8

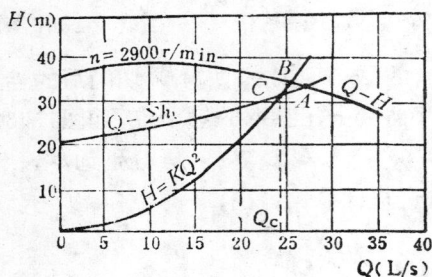

图 1-44　叶轮外径切削计算

将表列Q、H值，点绘出切削抛物线，交水泵$Q-H$曲线于B点，由图上读得$Q_B = 26$L/s，$H_B = 34.6$m。

由（1-55）式

$$\frac{Q_B}{Q_C} = \frac{D_2}{D_2'}$$

所以　$D_2' = \dfrac{Q_C D_2}{Q_B} = \dfrac{24.6 \times 174}{26} = 165$mm

即叶轮外径切削　　　$174 - 165 = 9$mm

切削量（%）$= \dfrac{D_2 - D_2'}{D_2} = \dfrac{174 - 165}{174} = 5\% < 15\%$允许切削

切削叶轮通常只适用于比转数不超过350的离心泵和混流泵。对于轴流泵来说，如果切小叶轮，就需要更换泵壳或在泵壳的内壁加衬里，在经济上不合算，所以，轴流泵不进行切削。离心泵和混流泵叶轮切削时，要注意切削限量，切削后须对叶轮作平衡试验。

还须指出，对于不同类型的叶轮切削时，应采用不同的方式。如图1-45所示，低比转数离心泵叶轮的切削量，在前后盖板和叶片上都是相等的；高比转数离心泵叶轮，后盖板的切削量大于前盖板；混流泵叶轮只切削前盖板的外缘直径，在轮毂处的叶片不切削。

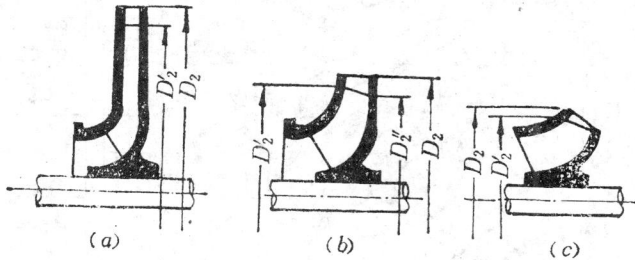

图 1-45 叶轮的切削方式

(a)低比转数离心泵；(b)高比转数离心泵；(c)混流泵

离心泵叶轮叶片的出口端因切削而变厚，若在叶片背水面出口部分的一定长度范围内进行修锉，会使性能得到改善，如图1-46虚线所示。

通过切削叶轮可以改变水泵的使用范围。水泵制造厂就是利用这个方法，预先确定好水泵的工作范围。如图1-47所示，将标准叶轮直径D_2时的$Q\text{-}H$曲线和按最大切削量切削后的$Q'\text{-}H'$曲线同画在一个坐标内。在$Q\text{-}H$曲线上A、B两点为该叶轮高效率区的左、右边界，经过A、B两点作两条切削抛物线，分别交$Q'\text{-}H'$曲线于A'、B'两点。因为切削量较小时，效率近似看作不变，所以，切削抛物线也是等效率线。A'、B'两点即为切削后叶轮的高效区范围的左、右边界，四边形$AA'B'B$就是该泵的高效率工作区域。选择水泵时，若使需要的工作点均落在该区域内，则所选用的水泵是合适的。通常将同一类型不同规格泵的高效率工作区域画在同一坐标上，称为该型泵的性能曲线型谱图。图1-48所示为Sh型泵性能曲线型谱图，选择水泵时，只要使需要的工作点靠近哪一个型号时，然后，再进一步查找该型号泵的特性曲线，核实所选水泵是否适宜。这样可较快的选择所需要的水泵。

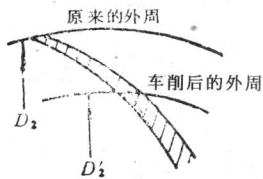

图 1-46 下锉叶片出口端

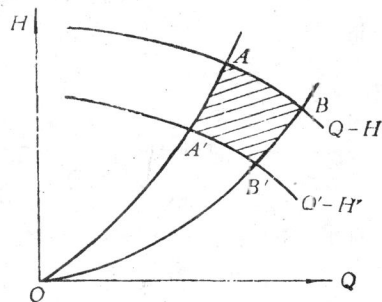

图 1-47 水泵高效率区域图

二、变速调节

改变水泵的转速，可以改变水泵的性能，从而达到调节工作点的目的，这种调节方法称变速调节。

叶片泵装置工作点的变速调节，是应用本章第六节"比例律"公式进行换算的。在实际工作时，常遇到的问题是：已知水泵转速为n_1时的$(Q\text{-}H)_1$曲线，但所需的工作点A_2（Q_2、H_2）不在$(Q\text{-}H)_1$曲线上，若采用变速调节，求水泵在A_2点工作时，其转速n_2应为多少？

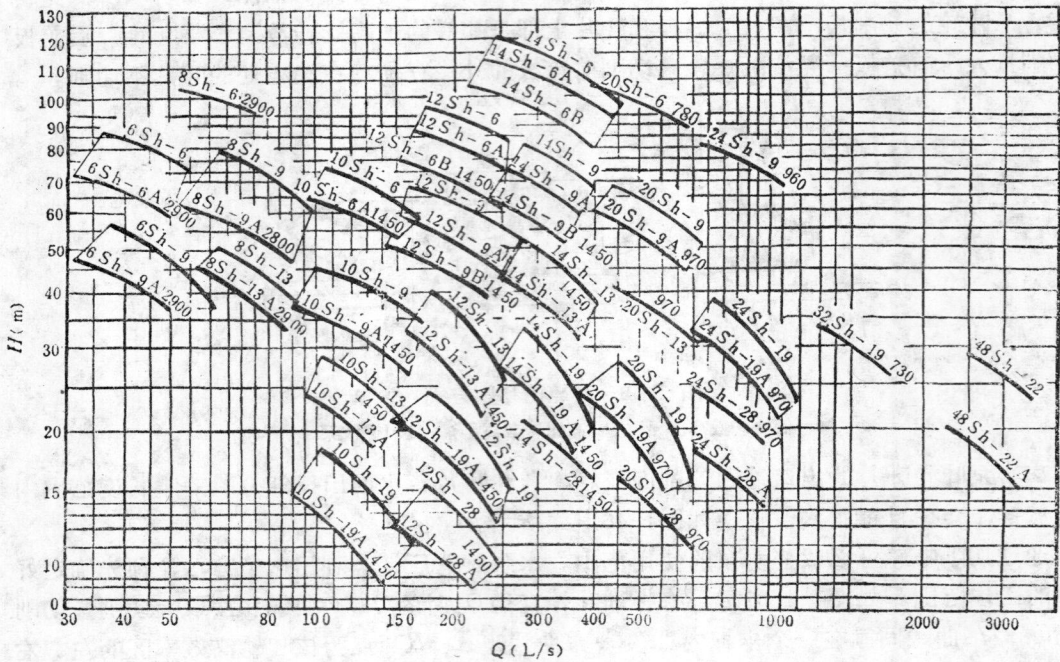

图 1-48　Sh型性能曲线型谱图

与变径调节计算方法相同，采用绘制相似工况抛物线和比例律来求所需要的转速n_2。

消去公式（1-29）、（1-30）中的$\frac{n_1}{n_2}$得：

$$\frac{H_1}{Q_1^2} = \frac{H_2}{Q_2^2} = K \qquad （1-61）$$

也即

$$H = KQ^2 \qquad （1-62）$$

上式是一条以坐标原点为顶点的二次抛物线。在抛物线上的各点具有相似的工况，所以称为相似工况抛物线。由比例律的推导得知，当水泵变速前后的转速变化不大时，看作效率不变，相似工况抛物线也称等效率曲线。

将A_2点的Q_2、H_2值代入式（1-61），求出K值。如图1-49所示，再按式（1-62）点绘出相似工况抛物线，并与转速为n_1时的$(Q-H)_1$曲线相交于A_1（Q_1、H_1）点，此A_1点就是所要求的与A_2点工况相似的点，将A_1（Q_1、H_1）、A_2（Q_2、H_2）的值代入式（1-29）中得：

$$n_2 = \frac{n_1 Q_2}{Q_1}$$

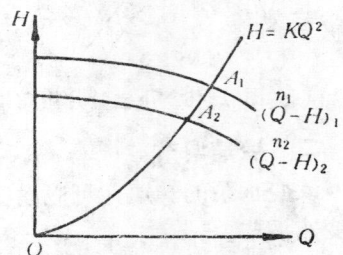

图 1-49　相似工况抛物线

求出转速n_2后，可由n_1时的$(Q-H)_1$曲线，应用比例律绘制出n_2时的$(Q-H)_2$曲线。其具体作法与切削律相同。

【例 1-6】　已知IS100-65-250型泵的性能曲线$(Q-H)_1$，如图1-50所示。其转速$n_1 = 2900 \text{r/min}$，根据当地实际情况，需要工作点A_2的流量$Q_2 = 26 \text{L/s}$，扬程$H_2 = 60 \text{m}$。

采用变速调节满足使用要求，试求调节后的转速与轴功率。

【解】 将 Q_2、H_2 值代入式（1-61）得：

$$K = \frac{H_2}{Q_2^2} = \frac{60}{26^2} = 0.089$$

即

$$H = 0.089Q^2$$

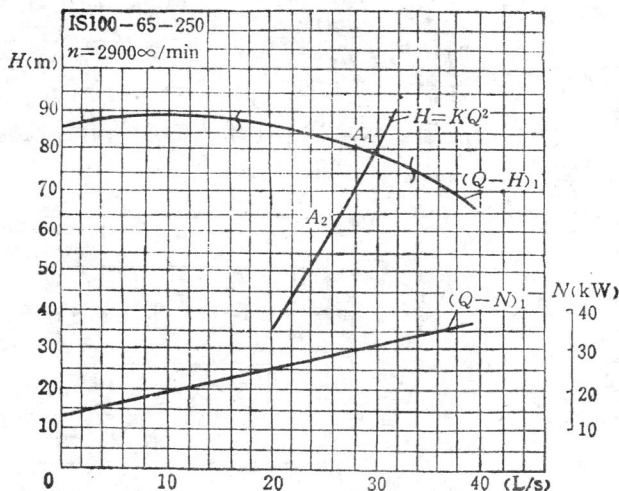

图 1-50 变速计算

利用上式作出相似工况抛物线，假定几个 Q 值，求得相应的 H 值，列表如下：

Q（L/s）	20	22	24	26	28	30	32
H（m）	35.6	43.1	51.3	60.0	69.7	80.1	91.1

将表列 Q、H 值，在图 1-50 中点绘出相似工况抛物线，交水泵 $(Q-H)_1$ 曲线于 A_1 点，其相应的 $Q_1 = 29.8$ L/s，$H_1 = 79$ m，$N_1 = 31$ kW。A_1 点就是所要求的与 A_2 点工况相似的点。调节后的转速为：

$$n_2 = \frac{n_1 Q_2}{Q_1} = \frac{2900 \times 26}{29.8} = 2530 \text{r/min}$$

由式（1-31）得水泵降速后的轴功率为：

$$N_2 = N_1 \left(\frac{n_2}{n_1}\right)^3 = 31 \times \left(\frac{2530}{2900}\right)^3 = 20.6 \text{kW}$$

变速调节大大地扩大了叶片泵高效区域的工作范围，具有重要的节能意义，目前已被广泛采用，有关调速问题详见第五章。

三、变角调节

用改变叶轮叶片安装角度，使水泵性能改变的方法，称为水泵工作点的变角调节。此法适用于叶片可调节的轴流泵。

所谓安装角，是指轴流泵叶片工作面一侧，叶片首尾两端的连线与叶片的圆周方向之间的夹角，通常以 β 表示，如图1-51所示。安装角不同，水泵的工况也就不同，相应于设计工况的安装角称为设计安装角。一般以设计安装角为0°，安装角加大时为正，减小时为负。

图 1-51　叶片安装角

图1-52所示为轴流泵的叶片安装角改变后的性能曲线。叶片安装角加大时，Q-H、Q-N 曲线都向右上方移动，Q-η 曲线几乎以不变的数值向右移动。使用时通常不绘成这种曲线，而是把 Q-η 曲线和 Q-N 曲线换算成等效率和等功率曲线，加绘在 Q-H 曲线上，称为轴流泵的通用性能曲线，如图1-53所示。水泵样本中给出的就是这种性能曲线。

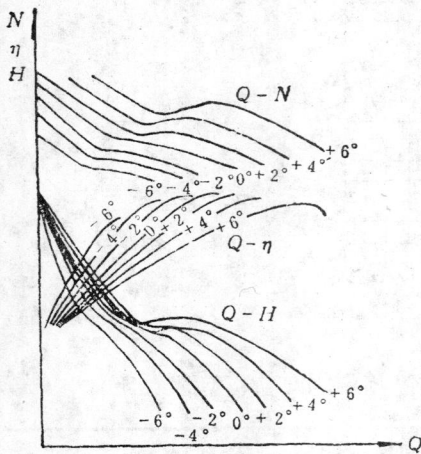

图 1-52　轴流泵叶片变角后的性能曲线

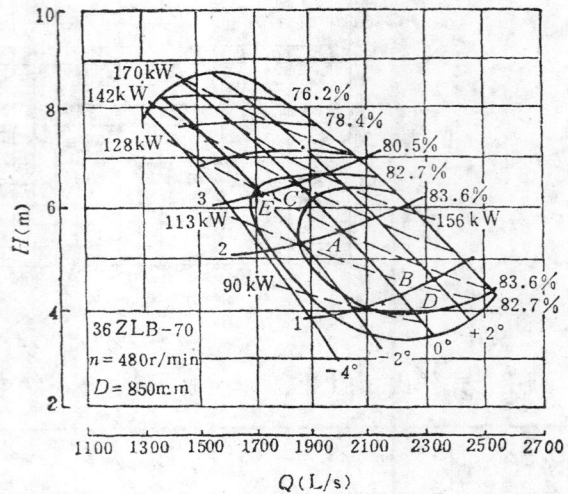

图 1-53　轴流泵的变角调节

1—最小静扬程时的 Q-Σh 曲线；2—设计静扬程时的 Q-Σh 曲线；3—最大静扬程时的 Q-Σh 曲线

现以36ZLB-70型轴流泵为例，说明变角调节是如何改变水泵工作点的。为了便于说明问题，在图1-53所示的通用性能曲线上，绘出三条假设的管路特性曲线1、2、3。这三条管路特性曲线分别表示最小静扬程时、设计静扬程时、最大静扬程时的 Q-Σh 曲线。从图中可以看出，若叶片的安装角 $\beta = 0°$，当在设计静扬程时，工作点 A 的参数为 $Q = 2000$L/s、$N = 128$kW、$\eta > 83.6\%$；当在最小静扬程时，工作点 B 的参数值为 $Q = 2200$L/s、$N = 106$kW、$\eta > 83.6\%$，功率较小，原动机负荷不足；当在最大静扬程时，工作点 C 的参数值为 $Q = 1850$L/s、$N = 142$kW、$\eta = 83.0\%$，功率较大，原动机有可能超载，效率较低。这时采用变角调节，在最小静扬程时，将叶片安装角调大到 $+2°$，此时工作点 D 的参数值为 $Q = 2320$L/s、$N = 121$kW、$\eta > 83.6\%$，效率保持在高效率区，流量增加，原动机满载运行。在最大静扬程时，将叶片安装角调小到 $-2°$，此时工作点 E 的参数值为 $Q = 1750$L/s、$N = 128$kW、$\eta = 82.9\%$，虽然流量稍有减小，但原动机功率减少，克服了超载运行的缺点。在设计静扬程时，叶片安装角仍按0°运行。

从上述分析可以看出，采用变角调节是很方便的。当静扬程减小时，将安装角调大，在保持较高效率的情况下，增加出水量，使原动机满载运行；当静扬程增大时，将安装角调小，适当地减少出水量，使原动机不致过载运行。所以，采用变角调节，使轴流泵在最有利的工作状态下运行，即可达到效率高，出水量多，并使电机长期保持或接近满载运行，以提高电机效率和功率因数。

四、节流调节

节流调节又称变阀调节，是通过改变出水管路上阀门的开启度来进行调节的，如图1-54所示，当阀门全开时，该叶片泵装置的工作点为 A，当阀门关小时，管路局部阻力增大，S 值增大，管路特性曲线变陡，此时工作点向左上方由 A 移至 B，使流量减小，扬程增加。由图可以看出，Δh 是阀门节流引起的水头损失，又称节流损失，$\Delta h = H_B - H'_B$。这就是说，节流调节是用消耗水泵能量 Δh 的方法，达到调节工作点的目的，这种额外损失，降低了叶片泵装置的效率，浪费能源，很不经济。一般在短时间，临时性的条件下使用，如水泵实验中，它是一种简单而可靠的调节方法。

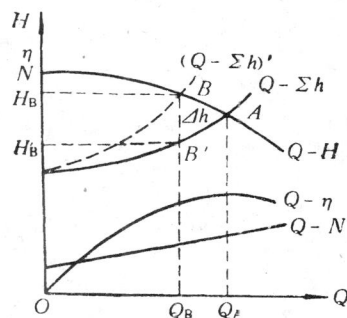

图 1-54　阀门节流调节

第十节　叶片泵的并联和串联工作

在泵站中，除了单台泵工作外，往往采用两台或两台以上的泵联合工作。泵联合工作可以分为并联和串联两种形式，分别叙述如下：

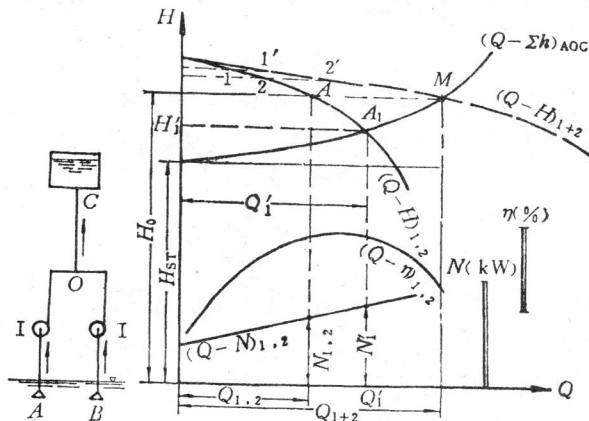

图 1-55　同型号、管路对称布置的两台泵并联工作

一、叶片泵的并联工作

两台或两台以上的水泵向公共输水管路输水，称为水泵并联工作。

并联工作的目的：（1）可以增加供水量。输水干管中的流量等于各台并联水泵的出水量之总和；（2）可以通过开停水泵的台数来调节泵站流量和扬程，以适应城市管网中用水量和水压的变化；（3）可以提高泵站供水的可靠性。一台水泵损坏时，其它几台水泵仍可继续供水。因此，水泵并联工作提高了泵站运行调度的灵活性和供水的可靠性，从而达到节能和安全供水的目的，是泵站中最常见的一种运行方式。下面介绍水泵并联运行时工作点的确定。

1.同型号、管路对称布置的两台水泵的并联工作，如图1-55所示。

（1）绘制两台水泵并联性能曲线 $(Q\text{-}H)_{1+2}$

由于同水位、管路对称布置，故 $\Sigma h_{AO} = \Sigma h_{BO}$，在 AO 与 BO 管中，通过的流量均为 $\dfrac{Q}{2}$，OC 管中流量 Q 为两台泵水量之和。因此，两台泵并联的 $(Q\text{-}H)_{1+2}$ 曲线，等于单台

泵$(Q\text{-}H)_{1,2}$曲线在同一扬程下流量相叠加。绘制时，在$(Q\text{-}H)_{1,2}$曲线上任取几点1、2、$3\cdots\cdots m$，然后，在相同纵坐标值上把相应的流量加倍，即可得$1'$、$2'$、$3'\cdots\cdots m'$点，用光滑曲线连起$1'$、$2'$、$3'\cdots\cdots m'$点，即为两台水泵并联性能曲线$(Q\text{-}H)_{1+2}$。

（2）绘制管路特性曲线$(Q\text{-}\varSigma h)_{AOC}$

根据式（1-46），其管路特性曲线应为：

$$H = H_{ST} + \varSigma h_{AO} + \varSigma h_{OC} = H_{ST} + S_{AO}Q_1^2 + S_{OC}Q_{1+2}^2 \qquad (1\text{-}63)$$

式中　　S_{AO}、S_{OC}——分别为管路AO和管路OC的阻力系数；

　　　　Q_1、Q_{1+2}——分别为管路AO和管路OC的流量。

因两台泵同型号、同水位、管路对称布置，故$Q_1 = Q_2 = \dfrac{1}{2}Q_{1+2}$代入式（1-63）

得：

$$H = H_{ST} + \left(\dfrac{1}{4}S_{AO} + S_{OC}\right)Q_{1+2}^2 \qquad (1\text{-}64)$$

由（1-64）式可点绘出管路特性曲线$(Q\text{-}\varSigma h)_{AOC}$。

（3）求并联工作点及每台泵的工作点

上述绘出的$(Q\text{-}H)_{1+2}$曲线和$(Q\text{-}\varSigma h)_{AOC}$或$(Q\text{-}\varSigma h)_{BOC}$曲线相交于$M$点。$M$点的横坐标为两台水泵并联工作的总流量$Q_{1+2}$，纵坐标为两台水泵的扬程$H_0$，$M$点称为并联工作点。

通过M点作横轴平行线，交单台泵的$(Q\text{-}H)_{1,2}$曲线于A点，此A点即为并联工作时，各单泵的工作点。其流量为$Q_1 = Q_2 = \dfrac{1}{2}Q_{1+2}$，扬程为$H_1 = H_2 = H_0$。

在这里，我们把$(Q\text{-}\varSigma h)_{AOC}$与$(Q\text{-}H)_{1,2}$曲线的交点$A_1$，近似看作一台泵单独运行时的工作点，其相应流量为$Q_1'$，扬程为$H_1'$。由图1-55，将并联后每台泵的参数与单泵运行时的参数加以比较可见：

$$Q_1 < Q_1' \qquad 或 \qquad Q_{1+2} < 2Q_1'$$
$$H_0 > H_1'$$

这表明，两台泵并联工作时，各单泵的流量Q_1小于一台泵单独工作时的流量Q_1'；各单泵的扬程H_0大于一台泵单独工作时的扬程H_1'，致使水泵并联工作时，每台泵的工作点左移，选泵时应注意是否移出泵的高效区范围。

2. 不同型号、管路布置不对称的两台水泵的并联工作，如图1-56所示。

由于两台泵型号不同，两泵的性能曲线不同，分别为$(Q\text{-}H)_{\mathrm{I}}$、$(Q\text{-}H)_{\mathrm{II}}$；又因管路布置不对称，则$\varSigma h_{AO} \neq \varSigma h_{BO}$。水泵并联时，每台泵工作点的扬程不相等，即$H_{\mathrm{I}} \neq H_{\mathrm{II}}$。因此，绘制并联后的$Q\text{-}H$曲线，不能直接采用各自$Q\text{-}H$曲线用同一扬程下流量叠加的原理。

泵 I 与泵 II 所以能够并联工作，是因为在管路汇集点O处，两泵具有相等的能量。如图1-56所示，若以吸水水面为基准面，则当泵 I、泵 II 的流量分别为Q_{I}、Q_{II}时，两泵在并联点O处的能量H_0为：

$$H_0 = H_{\mathrm{I}} - \varSigma h_{AO} = H_{\mathrm{I}} - S_{AO}Q_{\mathrm{I}}^2 \qquad (1\text{-}65)$$

$$H_0 = H_{\mathrm{II}} - \varSigma h_{BO} = H_{\mathrm{II}} - S_{BO}Q_{\mathrm{II}}^2 \qquad (1\text{-}66)$$

式中　　H_I——水泵I在相应流量为Q_I时的扬程（m）；

　　　　H_{II}——水泵II在相应流量为Q_{II}时的扬程（m）；

　　　　S_{AO}——AO管段的阻力系数；

　　　　S_{BO}——BO管段的阻力系数。

　　式（1-65）表示水泵I的扬程H_I，扣除了管段AO在流量为Q_I时的水头损头Σh_{AO}后，就等于汇集点O处的能量H_O，即H_O值相当于泵I折引至O点工作时的扬程。同理，H_O值也相当于泵II折引至O点工作时的扬程。经折引后，两泵的扬程H_O相等，就可以采用同一扬程下流量叠加的原理。

　　在图1-56所示Q轴下先分别绘出$Q-\Sigma h_{AO}$和$Q-\Sigma h_{BO}$曲线，然后采用第八节中所介绍的折引性能曲线法，将泵I、泵II的$(Q-H)_I$和$(Q-H)_{II}$曲线上相应地扣除水头损失Σh_{AO}和Σh_{BO}后，得$(Q-H)'_I$和$(Q-H)'_{II}$折引性能曲线，再将两条折引性能曲线，在同一扬程下流量相加得两台泵并联$(Q-H)'_{I+II}$折引性能曲线。

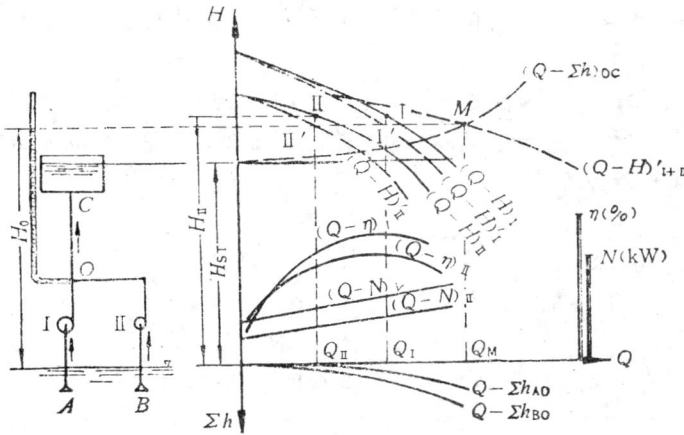

图 1-56　不同型号、管路布置不对称两台泵并联工作　　　　图 1-57　水泵串联工作

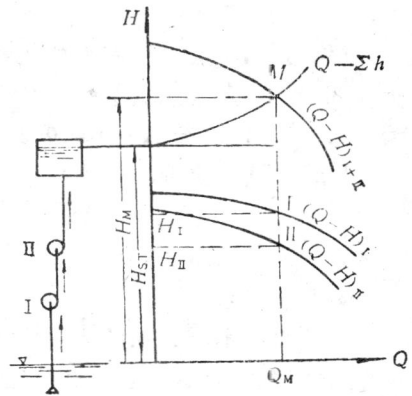

　　再画出管段OC的管路特性曲线$(Q-\Sigma h)_{OC}$，它与$(Q-H)'_{I+II}$折引曲线相交于M点，此M点的流量Q_M，即为两台不同型号水泵并联工作的出水量。通过M点，引水平线与$(Q-H)'_I$及$(Q-H)'_{II}$曲线相交于I′及II′点，则相应的Q_I及Q_{II}为泵I及泵II在并联时的单泵出水量，且$Q_M=Q_I+Q_{II}$；再由I′、II′两点各引垂线向上，与$(Q-H)_I$及$(Q-H)_{II}$曲线相交于I及II点。I、II点就是并联工作时，泵I及泵II各自的工作点，其扬程分别为H_I及H_{II}。

　　在这里必须指出，两台或两台以上不同型号泵的并联运行，是建于各泵扬程范围比较接近的基础上的，否则找不出具有相等能量的并联工作起点，致使出现高扬程泵出水，低扬程泵不出水的状态，这种并联工作是无效的。

　　二、叶片泵的串联工作

　　将一台泵的压水管作为另一台泵的吸水管，水由一台泵流入另一台泵，这种系统称为水泵的串联工作。串联工作的目的是增加水泵扬程。

　　图1-57所示为两台不同型号水泵串联运行时，同一流量经过每一台泵。因此，串联水泵的总扬程等于两台泵在同一流量时的扬程相加。将泵I、II的$(Q-H)_I$和$(Q-H)_{II}$曲线，

在同一流量下扬程相加，得串联工作时水泵$(Q\text{-}H)_{I+II}$曲线，该曲线与管路特性曲线相交于M点，即为串联装置的工作点，其出水量为Q_M，扬程为H_M。自M点向下引垂线与$(Q\text{-}H)_I$及$(Q\text{-}H)_{II}$分别相交于I、II点，则I、II点为串联工作时，每台泵的工作点，其对应的出水量为Q_M，对应的扬程分别为H_I和H_{II}，且$H_M=H_I+H_{II}$。

多级泵实际上就相当于几台单级泵串联工作，叶片泵的串联工作，只在特殊情况下才采用。

当水泵串联运行时，必须注意以下几点：

（1）水泵串联工作应尽量采用同型号水泵，否则出水量不匹配，影响水泵工作效率；

（2）串联工作时应考虑后面水泵的强度能否适应，以免水泵受损坏；

（3）串联工作启动水泵顺序：先启动靠近水池水泵，待运行正常后，打开出水管阀门，再启动第二台水泵。停车时顺序与启动相反进行。

本节所介绍的叶片泵并联和串联工作时工作点的确定，可用于泵站设计时水泵的选择，现举例如下：

【例 1-7】 某工厂用水量$Q=900\text{m}^3/\text{h}$，最高处用水点标高为15.00m，要求出水压力为10m，管路总水头损失为$\Sigma h=3.6\text{m}$，吸水池最高水位标高为-0.6m，最低水位标高为-3.2m，地面标高为±0.00，试选择水泵。

【解】 选泵主要依据

$$Q=900\text{m}^3/\text{h}=250\text{L/s}$$
$$H=H_{ST}+\Sigma h=15+3.2+10+3.6=31.8\text{m}$$

初步选择水泵

查水泵样本，选用两台10Sh-9A型离心泵并联工作，每台泵的流量$Q=125\text{L/s}$时，性能曲线上所相应的扬程$H=32.5\text{m}$，效率$\eta=80\%$，满足要求。

精确选择水泵（按初步选择水泵，进行水泵布置，计算吸、出水管路水头损失值，绘出管路特性曲线）。

现按已给管路总水头损失$\Sigma h=3.6\text{m}$，求管路特性曲线

由（1-54）式知：

$$S=\frac{\Sigma h}{Q^2}=\frac{3.6}{0.25^2}=57.6$$

故

$$H=H_{ST}+SQ^2=15+3.2+10+57.6Q^2$$
$$H=28.2+57.6Q^2$$

列表计算

$Q(\text{m}^3/\text{s})$	0	0.05	0.10	0.15	0.20	0.25	0.28	0.30
$Q^2(\text{m}^3/\text{s})^2$	0	0.0025	0.01	0.0225	0.04	0.0625	0.078	0.09
$SQ^2(\text{m})$	0	0.14	0.58	1.30	2.30	3.60	4.52	5.18
$H(\text{m})$	28.2	28.34	28.78	29.50	30.50	31.80	32.72	33.38

同时绘出10Sh-9A型两台泵并联工作的性能曲线$(Q\text{-}H)_{1+2}$，并以上述表中所列数据，

点绘出管路特性曲线，两曲线相交于A点（如图1-58所示）。其相应的参数值为：

$$Q_A = 258 \text{L/s}$$

$$H_A = 32 \text{m} \quad \text{满足要求}$$

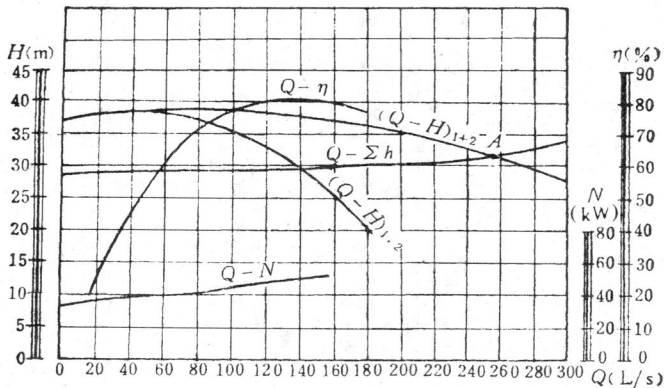

图 1-58　图解法求并联水泵工作点

第十一节　水泵的吸水性能

一、水泵的汽蚀现象

水泵在运行时，由于某些原因而使泵内局部位置的压力降低到水的饱和蒸汽压力时，则水就会发生汽化。从水中离析出来的大量汽泡随着水流进入高压区后，汽泡突然消失，故汽泡四周的水流质点高速地向汽泡中心冲击，水流质点互相撞击，产生强烈的水锤。在此过程中，泵内发生噪声和震动以及性能变坏等现象，这种现象称为气穴现象。

离心式水泵，一般气穴区域发生在叶片进口背面壁面附近，金属表面承受冲击频率每秒可达几万次，局部压力可达几百个或几千个大气压。经过一段时间后，金属产生疲劳现象，变的脆弱，产生裂缝、剥落，致使金属表面呈蜂窝状的孔洞，称为汽蚀的机械剥蚀作用。与此同时，尚存在化学和电化学腐蚀作用，加剧金属蚀坏的程度。水泵叶轮产生这种效应称为汽蚀现象。

发生汽蚀危及着水泵正常运行，产生噪声和震动，水泵的性能下降，直至蚀坏水泵过流部件，停止出水等严重事故。

防止产生汽蚀的有效措施是合理确定水泵安装高度；其次在水泵叶轮制造上，加工精细，表面光滑；叶轮材质上选用抗汽蚀性能较好的材料诸如采用不锈钢、青铜等制造。

二、汽蚀余量（NPSH）和允许吸上真空高度

离心泵的吸水性能通常用允许吸上真空高度$[H_s]$来衡量，$[H_s]$值越大，反映水泵吸水性能越好；对于轴流式水泵通常用汽蚀余量H_{sv}（或Δh_{sv}）来衡量，H_{sv}越小，反映水泵抗汽蚀性能越好。

图1-59，绘出了水从吸水管经泵壳流入叶轮的绝对压力线；并以吸水管水平段为相对压力的零线，两条线之间的高差，可度量真空值的大小，它表明，将水压向吸水管的压头是大气压头$\dfrac{P_a}{\rho \cdot g}$与叶轮中最低压头$\dfrac{P_k}{\rho \cdot g}$之差；水进入吸水管后，压头一部分变为速度

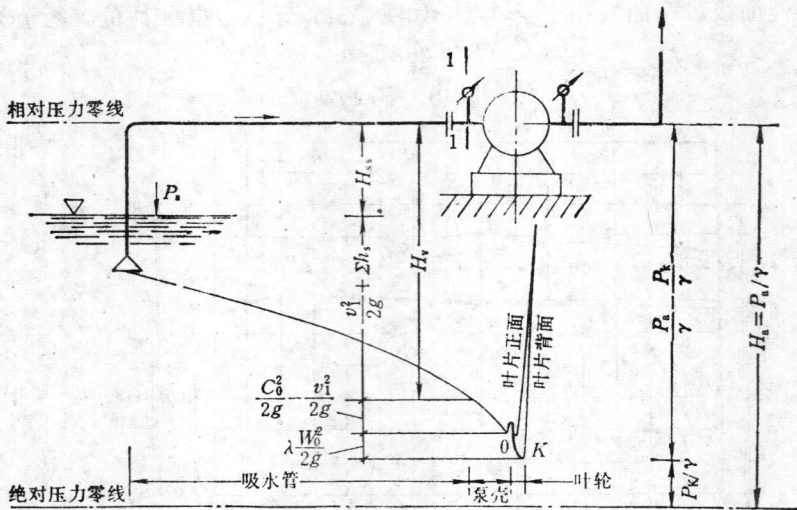

图 1-59 吸水管及泵进水侧压力变化

头与位头外，还要消耗一部分克服水流阻力。所以绝对压力线沿流程下降，当进入叶轮后，在叶片背面进口处，压头降为最低值 $\frac{P_k}{\rho g}$，然后水流受到叶片传来的机械能，压头突然上升。

如果将吸水池水面与水泵进水口1-1断面列出能量方程式可得：

$$\frac{P_a}{\rho g} = \frac{P_1}{\rho g} + H_{ss} + \frac{v_1^2}{2g} + \Sigma h_S \qquad (1-67)$$

式中　$\dfrac{P_a}{\rho g}$——吸水池水面大气压（m）；

　　　$\dfrac{P_1}{\rho g}$——水泵进水口处绝对压头（m）；

　　　v_1——水泵进水口处流速（m/s）；

　　　H_{ss}——吸水几何高度（m）；

　　　Σh_s——吸水管路水头损失之和（m）。

同理，列出吸水池与叶片入口前0-0断面能量方程式得：

$$\frac{P_a}{\rho g} - \frac{P_0}{\rho g} = H_{ss} + \Sigma h_s + \frac{C_0^2}{2g} \qquad (1-68)$$

式中　P_0、C_0——分别为叶轮进口O点上的绝对压力和流速。

再对断面0-0中心点O与叶片背面K点列出相对运动的能量方程式，经化简得：

$$\frac{P_0}{\rho g} + \frac{W_0^2}{2g} = \frac{P_k}{\rho g} + \frac{W_k^2}{2g} \qquad (1-69)$$

上式可改写为

$$\frac{P_0}{\rho g} = \frac{P_k}{\rho g} + \frac{W_0^2}{2g} \left(\frac{W_k^2}{W_0^2} - 1 \right)$$

令 $\lambda = \dfrac{W_k^2}{W_0^2} - 1$（称气穴系数）则上式变为：

$$\frac{P_0}{\rho g} = \frac{P_k}{\rho g} + \lambda \frac{W_0^2}{2g} \qquad (1-70)$$

44

将公式（1-70）代入（1-68）式得：

$$\frac{P_a}{\rho g} - \frac{P_k}{\rho g} = H_{ss} + \Sigma h_s + \frac{C_0^2}{2g} + \lambda \frac{W_0^2}{2g} \qquad (1-71)$$

再将公式（1-71）改写为：

$$\frac{P_a}{\rho g} - \frac{P_k}{\rho g} = \left(H_{ss} + \frac{v_1^2}{2g} + \Sigma h_s \right) + \frac{C_0^2 - v_1^2}{2g} + \lambda \frac{W_0^2}{2g} \qquad (1-72)$$

公式（1-72）的物理意义为：公式左侧 $\left(\frac{P_a}{\rho g} - \frac{P_k}{\rho g} \right)$ 项表示吸水池中能量余裕值。P_a 为当地大气压，P_k 不能小于该水温的饱和蒸汽压力。公式右侧 $\left(H_{ss} + \Sigma h_s + \frac{v_1^2}{2g} \right)$ 项反映真空表安装点压头下降值 H_v，$\left(\frac{C_0^2 - v_1^2}{2g} + \lambda \frac{W_0^2}{2g} \right)$ 项反映了泵壳进口内部的压力下降值，其中 $\lambda \frac{W_0^2}{2g}$ 项是叶轮进口与叶片进口背面压力差，其数值变化较大，随着水泵的构造和工况而定。

公式（1-71）中 $\left(\frac{C_0^2}{2g} + \lambda \frac{W_0^2}{2g} \right)$ 项称为汽蚀余量，用符号 H_{sv} 表示，为了安全起见，水泵制造厂样本中给出 $[H_{sv}] = H_{sv} + 0.3m$，以此计算水泵安装高度。

公式（1-72）中 $\left(H_{ss} + \frac{v_1^2}{2g} + \Sigma h_s \right)$ 项为水泵吸上真空高度，用符号 H_v 表示。而水泵样本给出的允许吸上真空高度 H_s，经汽蚀试验得出 Q-H_s 曲线，如图1-60所示。

三、水泵安装高度

正确地确定水泵最大允许安装高度，是保证水泵正常运行，又能降低土建费用，具有十分重要的意义。由（1-67）式可知：

$$H_{ss} = \frac{P_a}{\rho g} - \frac{P_1}{\rho g} - \frac{v_1^2}{2g} - \Sigma h_s$$

式中 $\dfrac{P_a}{\rho g} - \dfrac{P_1}{\rho g} = H_v$

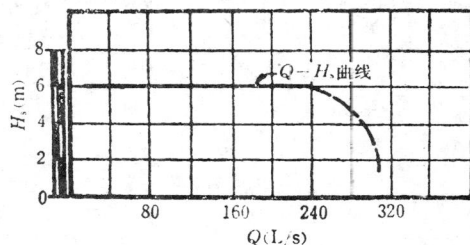

图 1-60　Sh型离心泵 Q-H_s 曲线

实际计算水泵安装高度时，以样本给出 H_s 值代替 H_v。则有：

$$H_{ss} = H_s - \frac{v_1^2}{2g} - \Sigma h_s \qquad (1-73)$$

应该指出，水泵的最大安装高度计算，应取水泵运行可能出现最大流量工况时所对应 H_s 值进行计算。

水泵样本给出的 H_s 值，是在标准大气压力和水温20℃的条件下给定的值。若使用条件与上述条件不符，则 H_s 值应按公式（1-74）进行修正。

$$H_s' = H_s - (10.33 - H_a) - (H_{va} - 0.24) \qquad (1-74)$$

式中　H_s'——修正后的允许吸上真空高度（m）；

　　　 H_s——标准状态下允许吸上真空高度（m）；

　　　 H_a——水泵安装地点当地大气压力，查表1-5；

　　　 H_{va}——工作温度下的饱和蒸汽压力，查表1-6；

【例 1-8】 某台Sh型离心泵，当流量 $Q = 220 L/s$ 时，从水泵样本上查得允许吸上真空高度 $H_s = 4.8m$，泵吸水口直径 $d_s = 300mm$，吸水管路水头损失 $\Sigma h_s = 1m$。现需将该泵安装在海拔1000m的地方，当地夏天的水温为30℃，问修正后的 H_s' 应为多少？试计算其

海拔 （m）	-600	0	100	200	300	400	500	600	700	800	1000	1500	2000
大气压力 H_a (m)	11.3	10.33	10.2	10.1	10.0	9.8	9.7	9.6	9.5	9.4	9.2	8.6	8.4

不同水温时饱和蒸汽压力H_{va}值   表 1-6

水温(0°)	0	5	10	20	30	40	50	60	70	80	90	100
饱和蒸汽压 H_{va}(m)	0.06	0.09	0.12	0.24	0.43	0.75	1.25	2.02	3.17	4.82	7.14	10.33

最大安装高度H_{ss}。

【解】 查表1-5，水温为30℃时，$H_{va} = 0.43\text{m}$

查表1-6，海拔为1000m时，$H_a = 9.2\text{m}$

$$H'_s = H_s - (10.33 - H_a) - (H_{va} - 0.24)$$
$$= 4.8 - (10.33 - 9.2) - (0.43 - 0.24)$$
$$H'_s = 3.48\text{m}$$

$$v_1 = \frac{4Q}{\pi d_s^2} = \frac{4 \times 0.22}{3.14 \times 0.3^2} = 3.11\text{m/s}$$

$$\frac{v_1^2}{2g} = \frac{3.11^2}{2 \times 9.8} = 0.49\text{m}$$

$$H_{ss} = H'_s - \frac{v_1^2}{2g} - \Sigma h_s = 3.48 - 0.49 - 1$$

$$H_{ss} = 1.99\text{m}$$

第十二节　给水排水工程中常用的叶片泵

本章第一、二节详细的介绍了给水排水工程中较为常用的单级单吸、单级双吸和轴流泵的工作原理与基本构造，以及工作特性等内容，现再将它们的外形图分别用图 1-61、1-62、1-63和1-64表示出来，对机组的完整性有一整体性认识。

在给水排水工程中除上述几种水泵外，常用的叶片泵还有深井泵、潜水泵、污水泵和管道泵等多种类型，下面分别加以介绍。

一、深井泵

深井泵是用来抽升地下水。图1-65所示为常用的深井泵构造图，它由三大部分组成，即泵体（包括进水滤网）部分；扬水管和传动轴部分；泵座和电动机部分。泵座和电动机部分

图 1-61　IS型单级单吸卧式离心泵外形图

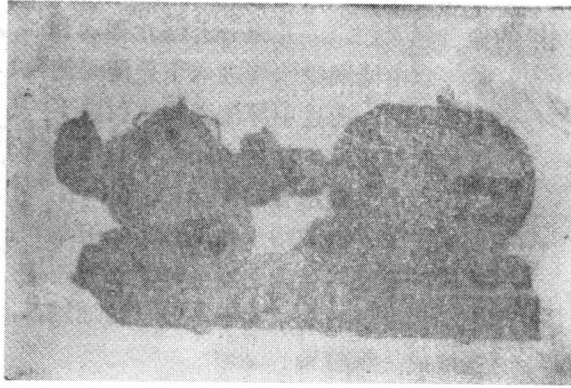

图 1-62 Sh型单级双吸卧式离心泵外形图

图 1-63 D型分段式多级离心泵外形图

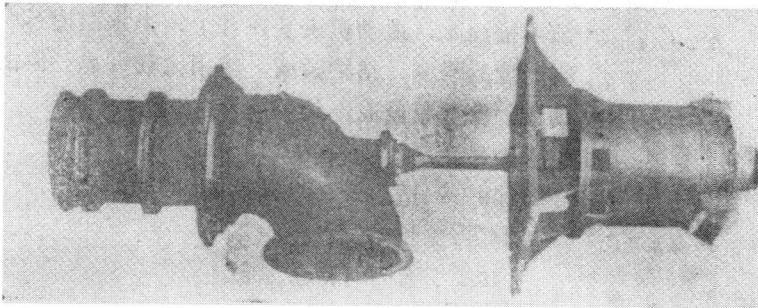

图 1-64 ZLB型立式轴流泵外形图

位于井上，其余两部分位于井内。将各部分的构造分述如下：

（1）泵体部分 主要由滤网、叶轮、导流壳、泵轴和橡胶轴承等组成，是泵的工作部分。其中，滤网是用来防止砂石及其它杂物进入水泵。叶轮可以有多个固定于同一根竖直的传动轴上。导流壳是深井泵的重要过流部件，上、下导流壳各有一个，中导流壳数目比叶轮级数少一。下导流壳用来连接中导流壳和滤网吸水管，把水流导向叶轮。上导流壳用来连接中导流壳和扬水管，并把叶轮甩出的水引入扬水管。此外，在上、中、下导流壳中心座孔内都装有用水润滑的橡胶轴承，以支承泵轴并防止摆动和减少摩擦。水泵运行时，水由滤网吸水管进入下导流壳流入第一级叶轮，使水的能量增加，通过中导流壳将水引进下一级叶轮，这样水流经过逐级加压后，最后由扬水管排出。

（2）扬水管和传动轴部分　主要由扬水管、传动轴、轴承支架、橡胶轴承和联轴器等组成。扬水管是由多节管段组成，管段与管段之间可用联管器连接。传动轴通过扬水管中心并由橡胶轴承支承。整个传动轴系由若干短轴用联轴器连接成一根整轴。

（3）泵座和电动机部分　主要由泵座（包括出水弯管）和电动机等组成，起提供动力，承受重量作用。泵座支承全部井下部分重量，泵的转动部分和轴向力由电机止推轴承来承受。泵座中部泵轴穿出处设有填料密封装置，下部通过进水法兰与井下扬水管相连。泵座一般与出水弯管铸成一整体，用出水法兰与井上输水管相连。泵座四周用地脚螺栓将其固定在基础上，电动机安装于泵座之上。

深井泵实际上是一种立式单吸多级离心泵。它的淹没深度以保证泵的第一级叶轮浸入最低动水位以下1～3m为宜。泵体安装的最低位置，须保证滤水网距井底大于1.5m，否则水泵将不能正常工作。

表1-7所列为100JC10-3.8型深井泵性能表，表中列出该泵在不同级数时的各性能参数值。

深井泵的主要特点是第一级叶轮装于动水位以下，启动前不需灌水，电动机安装在井上，提水深度不受允许吸上真空高度的限制，结构紧凑，使用比较可靠。但由于采用长传动轴，安装精度高，检修困难。

型号意义：如100JC10-3.8×13

100——适用于最小井径为100mm；

JC——长轴深井泵；

10——泵设计点流量值（m³/h）；

3.8——泵设计点单级扬程（m）；

13——泵的级数。

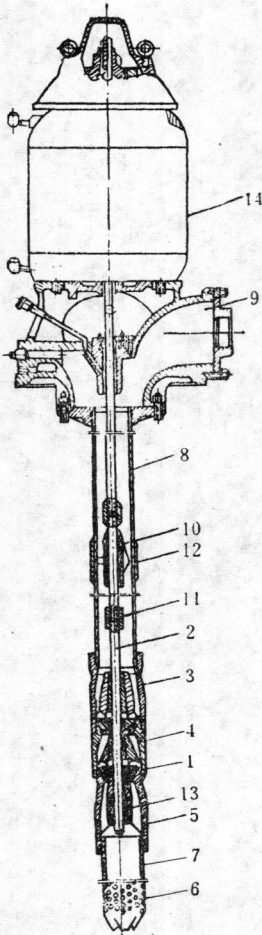

图1-65　深井泵构造图

1—叶轮；2—传动轴；3—上导流壳；4—中导流壳；5—下导流壳；6—滤网；7—吸水管；8—扬水管；9—泵底座弯管；10—支架橡胶轴承；11—联轴器；12—联管器；13—橡胶轴承；14—电动机

二、潜水泵

潜水泵是将泵和电动机连在一起，完全浸没于水中工作的一种泵。故潜水电动机要有特殊构造。

潜水泵按其使用场合不同，可分为深井潜水泵和作业面潜水泵等多种类型。图1-66所示为QJ型深井潜水泵，其构造由潜水电动机、泵体和扬水管三部分组成。电源通过防水电缆送至潜水电动机，抽升的水经扬水管送至地面上。

<h2 align="center">100JC10-3.8型深井泵性能表　　　　　表 1-7</h2>

泵 型 号	级数	流量 Q (m³/h)	流量 Q (L/s)	扬程 H (m)	转速 n (r/min)	功率 N 轴功率 (kW)	功率 N 电动机功率 (kW)	效率 η (%)
100JC10-3.8	10	7	1.94	47		1.61		55.5
		10	2.78	38	2940	1.73	5.5	60
		12.5	3.47	27		1.60		57.5
100JC10-3.8	13	7	1.94	61		2.09		55.5
		10	2.78	49.5	2940	2.25	5.5	60
		12.5	3.47	35		2.07		57.5
100JC10-3.8	18	7	1.94	84.5		2.90		55.5
		10	2.78	68.5	2940	3.11	5.5	60
		12.5	3.47	48.5		2.87		57.5
100JC10-3.8	23	7	1.94	108		3.7		55.5
		10	2.78	87.5	2940	3.97	5.5	60
		12.5	3.47	62		3.67		57.5
100JC10-3.8	28	7	1.99	131.5		4.51		55.5
		10	2.78	106.5	2940	4.84	7.5	60
		12.5	3.47	75.5		4.47		57.5
100JC10-3.8	33	7	1.94	155		5.31		55.5
		10	2.78	125.5	2940	5.7	7.5	60
		12.5	3.47	89		5.27		57.5
100JC10-3.8	40	7	1.94	188		6.44		55.5
		10	2.78	152	2940	6.9	11	60
		12.5	3.47	108		6.39		57.5

　　泵体部分的构造与深井泵体基本相同，属于立式多段导叶式离心泵。

　　潜水泵性能与深井泵相似，表1-8所列为300QJ230型井用潜水泵性能表。

　　型号意义：如300QJ230-40

　　300——适用于最小井径（mm）；

　　QJ——井用潜水泵；

　　230——最高效率点流量（m³/h）；

　　40——最高效率点扬程（m）。

　　深井潜水泵与深井泵相比有以下优点：（1）泵体与电动机合一，省掉长轴，重量轻，造价低；（2）机泵潜入水中，可不建地面泵房，降低土建投资；（3）便于安装与检修。

　　由于具有以上优点，近年来潜水泵生产、使用发展很快，除广泛用于提取地下水井用潜水泵以外，国内已开始采用潜水泵作为地面水取水泵站中机组；选用污水潜水泵设置污水泵站等多种情况。

三、污水泵

　　污水泵是杂质泵的一种，按结构型式的不同分卧式泵和立式

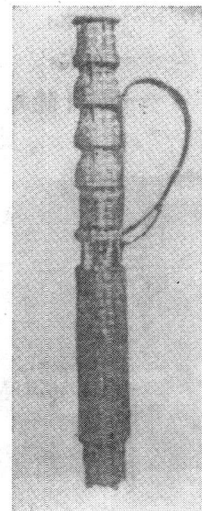

图 1-66　深井潜水泵

49

型　号	级数	流量 Q		扬程 H (m)	转速 n (r/min)	轴功率 N (kW)	电机功率 (kW)	效率 η (%)
		(m³/h)	(L/s)					
300QJ230-20	1			20		16.9	22	74
300QJ230-40	2	230	63.89	40	2875	33.8	40	
300QJ230-30	1			30		25.4	34	73
300QJ230-60	2			60		50.8	70	

泵。如图1-67所示为ＰＷ型污水泵外形图，它实际上是卧式单级悬臂式离心泵。图 1-68 所示为ＰＷＬ型立式污水泵外形图，它是立式单级单吸离心泵。由于污水泵所输送的液体是带有纤维或其它悬浮杂质的污水，因此，在构造上与一般离心泵的不同处在于：叶轮的叶片少，流槽宽，泵体的流道也较宽。为了避免堵塞，在泵体的外壳上开设有检查孔，便于在停车后及时清除泵内杂物。

　　ＰＷ、ＰＷＬ型污水泵主要由泵体、泵盖、轴承箱、轴封体、叶轮、泵轴等几部分组成。$2\frac{1}{2}$ＰＷ和4ＰＷ型泵的出水口可以转换成90°、180°、270°，6ＰＷＬ和8ＰＷＬ型泵的出水口在弧形底脚一侧。

　　污水泵性能见表1-9。

　　型号意义：如6ＰＷＬ

　　6——泵出水口直径6 in；

　　Ｐ——杂质泵；

　　Ｗ——污水；

　　Ｌ——立式；

　　Ｐ——杂质泵；

　　Ｗ——污水；

　　Ｌ——立式；

　　a——泵叶轮外径经第一次切削。

图 1-67　ＰＷ型污水泵

图 1-68　ＰＷＬ立式污水泵

PW型污水泵性能表

表 1-9

泵型号	流量 Q		扬程 H (m)	转速 n (r/min)	功率 N (kW)		效率 η (%)	允许吸上真空高度 H_s (m)
	(m³/h)	(L/s)			轴功率	配套功率		
$2\frac{1}{2}$ PW	43	12	48.5	2940	11.6	22	49	7
	90	25	43		17		62	5.5
	100	30	39		19.2		60	4.5
6PWL	250	69.5	30	1450	34.1	55	60	5
	350	97.2	27		42.1		61	4.5
	450	125	23		47		60	4

四、管道泵

图1-69所示为YG型立式离心管道泵外形图。电机位于泵体上方,泵的吸水口和出水口直径相同,并位于同一水平线上,其下部有方形底座,可直接安装在混凝土机座上,小型管道泵如需直接安装于管道中,则泵两侧管道应有支承。

该泵结构较简单,安装方便,占地面积小。泵的吸水口和出水口位置在同一水平线上,有利于管道中安装,减少弯头。配带露天防爆型电机的管道泵适于户外运行。管道泵广泛用于输送水、石油、化工或其它无腐蚀性的液体。

型号意义:如50YG-60A

50——泵吸水口与出水口直径(mm);

YG——单级立式离心管道泵;

60——泵设计点单级扬程值(m);

A——泵叶轮外径经第一次切割。

又如:YG6-40×2

YG——单级立式离心管道泵;

6——泵设计点流量值(m³/h);

40——泵设计点单级扬程值(m);

2——泵的级数。

管道泵根据使用场合的不同,规格型号也各不相同。如上海电机厂生产G系列管道屏蔽电泵,用于管道集中供热,是加速热水循环的理想产品。其性能见表1-10。

型号意义:如G25-20NY

G——管道屏蔽电泵;

25——额定流量(m³/h);

20——额定扬程(m);

N——输送水温≤95℃,系统压力≤0.6 MPa;

NY——输送水温≤95℃,系统压力≤1.0MPa。

图 1-69 YG型立式离心管道泵

型　号	额定流量 Q (m³/h)	额定扬程 H (m)	配用功率 N (kW)	转速 n (r/min)	噪声 dB(A)	输液温度 (℃)	吸出口直径 (mm)
G3.2-8N	3.2	8	0.37	1500	45	≤95	32
G6.3-8N	6.3	8	0.45	1500	45	≤95	40
G12.5-5N	12.5	5	0.45	1500	45	≤95	50
G12.5-20NY	12.5	20	1.5	3000	55	≤95	50
G25-20NY	25	20	3	1500	50	≤95	65
G50-40NY	50	40	10	3000	65	≤95	80

第十三节　水泵试验

水泵试验是测试水泵特性曲线的重要手段之一。试验是通过一套测试装置，以恒定的转速将所测得的数据，经计算得出水泵的 Q、H、N、η、H_s 等参数值，再以 Q 为横坐标，H、N、η、H_s 分别为纵坐标，标点、连线绘出水泵特性曲线。

一、试验装置

水泵试验装置可分为敞开式和封闭式两种。图1-70所示为一种较简单敞开式试验装置示意图。水泵从吸水池中抽水，经出水管路流入量水槽 5，水流经过稳流栅 8 达到平稳水流的作用，通过三角堰 9 计量流量值。水泵的扬程用真空表 3 和压力表 4 计量，叶轮的转速可采用转速表测定。轴功率用马达天平方式计量。

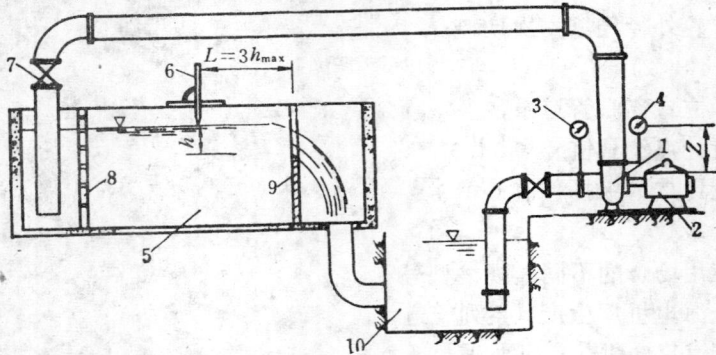

图 1-70　离心泵试验装置图

1—水泵；2—电动机；3—真空表；4—压力表；5—量水槽；6—测针；7—阀门；8—稳流栅；9—三角堰；10—水池

二、测定项目

1. 扬程测定

常用的测量仪表采用弹簧式压力表、真空表或水银比压计等，如图1-70所示装置。将测得读数代入公式（1-41）计算出水泵扬程。

2. 流量测定

流量的测量方法较多，较常用有堰、孔板流量计、电磁流量计等。图1-70装置采用90

度薄壁三角堰，用测针6测得堰顶水头，即能计算出流量。

3. 轴功率测定

中、小型机组，可采用马达天平方法测出泵的轴功率，其装置如图1-71所示。将电动机用滚动轴承支承起来，使电动机悬空能自由摆动。另在电动机定子外壳上装两个铁臂，一个铁臂末端挂一砝码盘，另一个铁臂上装一游动砝码，其端部装一准针6。马达天平装好后，调节游动砝码，使马达天平的重心处于中线上，并要求铁臂末端活动的准针与固定的对针5对准，保持水平。

当电动机接通电源后，电机转子由于电磁感应产生一个力矩，使转子旋转。同时，转子也给定子一个反力矩，两者大小相同，方向相反，因此，定子向转子的反方向旋转。如果砝码盘内用增减砝码来平衡这个反力矩，便可测出电动机的输出功率，若水泵与电动机为直接传动，即为泵的轴功率。其计算公式为：

$$N = \frac{M \cdot \omega}{1000} = \frac{G \cdot L}{1000} \cdot \frac{2\pi n}{60} = \frac{nGL}{9549} \quad (\text{kW})$$

$$(1-75)$$

式中　M——电动机定子转矩（N·m）；

　　　　ω——角速度（rad/s）；

　　　　G——天平盘上砝码重量（N）；

　　　　L——马达天平臂长（m）；

　　　　n——马达转速（r/min）。

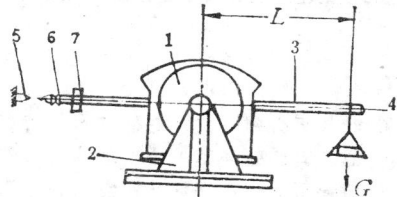

图 1-71　马达天平装置示意图

1—电动机；2—支架；3—铁臂；4—砝码盘；5—对针；6—准针；7—游动砝码

4. 转速测定

转速可采用转速表、闪光测速以及数字测速法等来进行测量。使用手持式机械转速表时，应注意使转速表保持水平，顶得不要过紧或过松。

三、试验方法

试验前先检查、校正各量测仪表，对水泵进行盘车、充水等准备工作。

水泵启动前吸水管阀门全开，出水管阀门全闭情况下启动水泵。待转速稳定后，逐一打开压力表、真空表的旋塞，压力稳定后即可读数，做好记录。

观测时，利用出水管路上阀门开启度（流量自零至最大分7～9次均匀开启），每次开启记录相应开启下的流量、扬程、转速、功率数据，填入表1-11。然后整理，在坐标纸上标出测点后用光滑曲线绘出Q-H、Q-N、Q-η特性曲线。若实测转数不同时，应用比例律公式换算成同一转速下Q、H、N和η值。

四、离心泵性能试验报告

[铭牌数据]

水泵型号＿＿＿＿＿＿＿＿＿；

水泵转速＿＿＿＿＿＿＿＿＿；

轴功率＿＿＿＿＿＿＿＿＿；

电机型号＿＿＿＿＿＿＿＿＿；

[有关固定常数]

吸水口直径＿＿＿＿＿＿＿＿mm；

压水口直径＿＿＿＿＿＿＿＿min；

表 1-11

水 泵 性 能 试 验 记 录

点号	实测转速 n (r/min)	流量 Q		扬 程 H					有效功率 $\dfrac{\gamma \cdot Q \cdot H}{1000}$ (kW)	轴功率 (kW)	水泵效率 η %
		堰顶水头 (m)	Q (m³/s)	压力表读数 (m)	真空表读数 (m)	$\dfrac{v_2^2 - v_1^2}{2g}$ (m)	ΔZ (m)	H (m)			
1											
2											
3											
4											
5											
6											
7											
8											

思 考 题

1. 叶片泵分哪几类？它们各有何特点？

2. 离心泵、轴流泵的主要部件及其作用是什么？

3. 填料函的作用是什么？它由哪几部分组成？

4. 离心泵启动前为什么要先充满水？

5. 离心泵的轴向推力产生的原因及危害是什么？试分析常用平衡方法的利与弊。

6. 叶片泵的基本性能参数有哪些？说明轴功率与有效功率的关系与区别。

7. 何谓流体运动平行四边形？有何用途？

8. 提高叶片泵理论扬程的途径有哪些？依据是什么？

9. 通过怎样的修正才能得到实际扬程？每一项修正的意义是什么？

10. 泵内有哪些损失？如何降低这些损失？

11. 叶片泵的性能曲线是指哪些关系曲线？有何用途？

12. 当水泵运行中关闭出水闸阀时，离心泵的出水量为零，为什么还消耗功率？轴流泵当出水量为零时，为什么轴功率反而变大？

13. 叶片泵的相似条件是什么？相似定律有何用途？

14. 当一台水泵的转速 n 增加到 n_1，若 $n_1 = 1.2n$，这时水泵的流量、扬程、轴功率各是原来的几倍？

15. 比转数 n_s 的意义是什么？它有何用处？

16. 列出水泵扬程计算公式，并加以解释各自意义。

17. 什么叫水泵工作点？它与水泵设计（额定）点有何区别？

18. 叶片泵装置工作点有哪几种调节方式？说明适用条件和各自优缺点。

19. 对于给定的一套离心泵装置，说明下表中第一纵行所列的变化，会使泵的性能曲线和管路特性曲线等发生什么变化？

引起的变化 外界条件变化	泵性能曲线		管路特性曲线		水泵流量		水泵轴功率	
	变	不变	变	不变	变	不变	变	不变
提高转速 切削叶轮 吸水池水位上升 水塔水位上升 闸阀关小								

20.叶片泵的并联与串联工作有何特点？如何确定并联与串联工作时的工作点？

21.试说明并联工作时各台泵的性能与各台泵单独工作时的性能有何变化？并解释变化原因。

22.何谓水泵的汽蚀现象？汽蚀产生的原因及其危害。

23.何谓允许吸上真空高度和泵的几何安装高度？它们有何区别又有何联系？

24.如何根据厂家给定的性能参数正确确定泵的安装高度？

25.潜水泵与深井泵各有什么特点？

习　题

1.将图1-72中所示"○"填入零件名称。

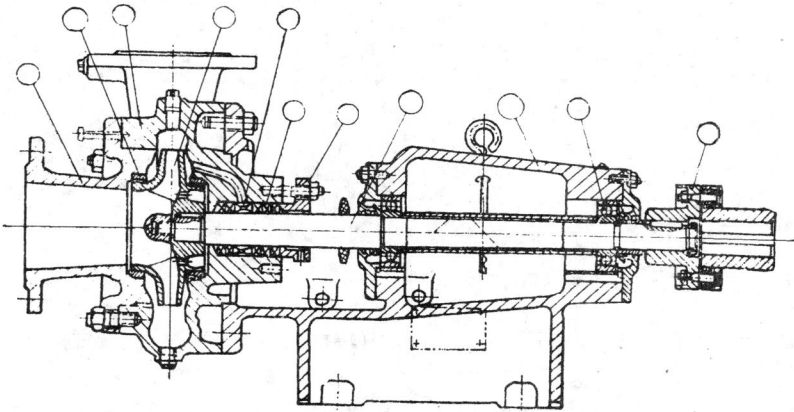

图 1-72　单级单吸离心泵构造图

2.已知一台泵的流量为10.2L/s，扬程为20m，轴功率为2.5kW，试求：（1）这台泵的效率η，（2）当泵的效率提高5％时，轴功率应为多少？

3.有一离心泵叶轮的外径$D_2=220$mm，转速$n=2980$r/min，叶片出水角$\beta_2=45°$，出口处的绝对速度径向分速$c_{2m}=3.6$m/s，$\alpha_1=90°$。试按比例画出出口速度三角形，并计算理论扬程$H_{T\infty}$。又若叶片修正系数$P=0.25$，水力效率$\eta_h=0.9$时，泵的实际扬程为多少？

4.已知一台低比转数离心泵叶轮，$D_2=315$mm，$b_2=30$mm，叶片出水角$\beta_2=21°$，叶片数$Z=8$，叶片修正系数$P=0.27$，$\alpha_1=90°$。当$n=1450$r/min时，经试验测得如下数据。

（1）试绘出该泵的理论性能曲线$Q_T-H_{T\infty}$及Q_T-H_T。

（2）绘制出该泵的实测性能曲线$Q-H$、$Q-N$及$Q-\eta$，并与理论性能曲线相比较。

Q(L/s)	0	20	40	60	80	100	120
H(m)	32	33	33	32	28	24	17
η(%)	0	45	70	80	82	65	30

5.有一输送清水的离心泵，当转速$n=1450$r/min时，$Q=1.24$m³/s，$H=70$m，此时泵的轴功率$N=1100$kW，容积效率$\eta_v=0.93$，机械效率$\eta_M=0.94$，求水力效率η_h。

6.一台水泵，其铭牌上的参数值为流量$Q=14$m³/h，扬程$H=20$m，转速$n=730$r/min，现用一台与该泵相似，且直径为该泵直径1.2倍的水泵，试求当转速$n=960$r/min时，水泵的流量和扬程各为多少？

7.有一台Sh型离心泵，其设计工作点的性能参数为$Q=162$m³/h，$H=78$m，$n=2900$r/min，

试求该泵的比转数 $n_s = ?$

8. 有一离心泵，当转速 $n = 2900$ r/min 时，流量 $Q = 9.5$ m³/min，扬程 $H = 120$ m。另有一和该泵相似的泵，流量 $Q_1 = 38$ m³/min，扬程 $H_1 = 80$ m，问叶轮的转速应为多少？

9. 如图1-73所示离心泵装置，其流量 $Q = 0.025$ m³/s，泵出水口压力表读数为266.6kPa，泵吸水口真空表读数为39kPa，$\Delta Z = 0.8$ m，吸水口直径 $d_s = 125$ mm，压水口直径 $d_d = 100$ mm，轴功率 $N = 11.2$ kW，求该水泵装置的扬程 H、有效功率 N_e 及效率 η。

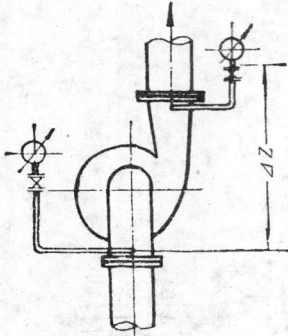

图 1-73 测压表 ΔZ 高度

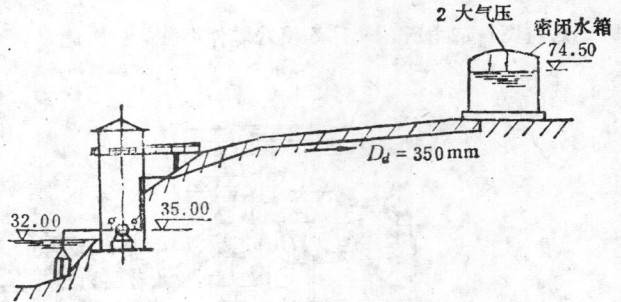

图 1-74 岸边取水泵房

10. 如图1-74所示岸边取水泵房，水泵由河中直接抽水输入高地密闭水箱中。

已知条件：

水泵流量 $Q = 160$ L/s，管道均采用铸铁管。吸水及压水管路中的局部水头损失假设各为 1 m。吸水管：管径 $D_s = 400$ mm，长度 $L_1 = 30$ m；压水管：管径 $D_d = 350$ mm，长度 $L_2 = 200$ m；水泵的效率 $\eta = 70\%$；其它标高值见图1-72所示。试问：

（1）水泵吸水口处的真空表读数为多少m？

（2）水泵的总扬程为多少m？

（3）电动机输给水泵的功率为多少kW？

11. 某台水泵经试验测得其性能参数如下表，该泵叶轮直径为 $D_2 = 315$ mm，现希望该泵的性能曲线通过工作点 $Q = 80$ L/s、$H = 25$ m，如用切削叶轮的方法，试问叶轮外径应为多少？并画出切削后的 $Q' - H'$ 曲线。

Q(L/s)	0	20	40	60	80	100
H(m)	32	34	34	32	28	24

12. 水泵在 $n = 1450$ r/min 时，性能曲线如图1-75所示，该水泵装置的管路系统特性曲线为 $H = 20 + 800v_0 Q^2$（式中 Q 以 m³/s计，H 以 m计）。问该水泵装置工况点的流量和扬程各为多少？若采用变速调节水泵工况点，使其流量为 $Q = 30$ L/s，$H = 40$ m，其相应的转速应为多少？如再并联一台同型号水泵，其工作点流量、扬程为多少？

13. 12Sh-19A型离心泵，流量为250L/s时，在水泵样本的 $Q-[H_s]$ 曲线中查得，其允许吸上真空高度 $[H_s] = 4.5$ m，泵吸水口直径为350mm，吸水管从喇叭口到泵吸水口的水头损失为1.0m，当地海拔为800m，水温为30℃，试计算其最大安装高度 $[H_{ss}]$。

14. 如图1-76所示离心泵装置，已知下列数据，试求水泵轴线标高：

水泵流量 $Q=120L/s$，泵吸水口直径 $d_s=250mm$，吸水管路长 $L_s=20m$，吸水管径 $D_s=350$ mm，水泵允许吸上真空高度 $[H_s]=5$ m，水池水位标高102m，吸水管路上装有一进水喇叭口，一个90°弯头，一个偏心渐缩管（管材为钢材）。

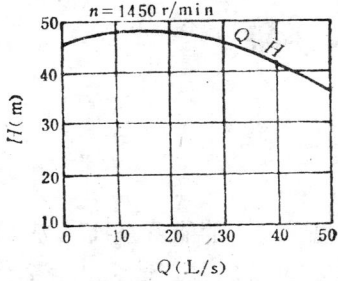

图 1-75　题12附图

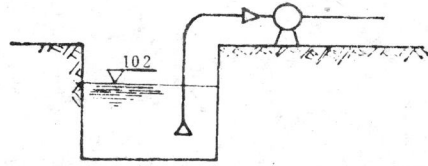

图 1-76　题14附图

第二章 其 它 水 泵

第一节 射 流 泵

射流泵也称水射器，它是利用高速工作流体（液体或气体）的能量来抽送流体的机械。其基本构造如图2-1所示，由喷嘴1、吸入室2、混合管3以及扩散管4等部件组成。

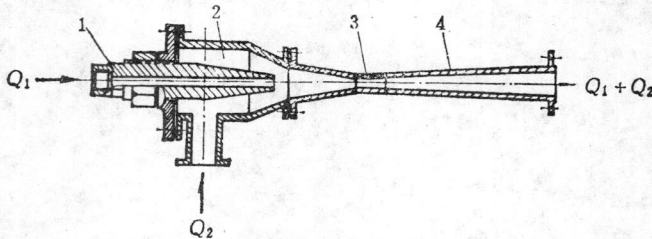

图 2-1 射流泵构造
1—喷嘴；2—吸入室；3—混合管；4—扩散管

一、工作原理

如图2-2所示，有压流体以流量Q_1、扬程H_1由喷嘴高速射出时，连续带走吸入室内的空气，此时，在吸入室内便形成真空，被抽升的流体在大气压力作用下，以流量Q_2经吸水管进入吸入室，两股流体（Q_1+Q_2）在混合管中进一步进行能量的传递和交换，使流速、压力渐趋一致，然后，经扩散管使部分动能转化为压能后，再流入出水管。这时，流体的流量为（Q_1+Q_2），扬程为H_2。H_2即为射流泵的扬程。

二、射流泵的性能

射流泵的工作性能一般可用下列参数表示：

$$流量比 q = \frac{被抽流体流量}{工作流体流量} = \frac{Q_2}{Q_1}$$

$$压头比 h = \frac{射流泵扬程}{工作压力} = \frac{H_2}{H_1-H_2}$$

$$断面比 m = \frac{喷嘴断面}{混合管断面} = \frac{F_1}{F_2}$$

式中　Q_1——工作流体的流量（m^3/s）；

Q_2——被抽升流体的流量（m^3/s）；

H_1——喷嘴前工作流体具有的能量（m）；

H_2——射流泵的扬程（m）；

F_1——喷嘴的断面积（m^2）；

F_2——混合管的断面积（m^2）。

因此，射流泵效率：

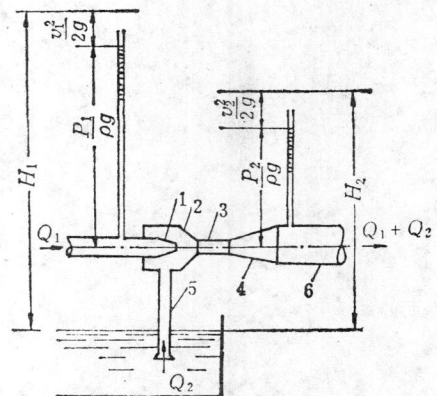

图 2-2 射流泵装置示意图
1—喷嘴；2—吸入室；3—混合管；4—扩散管；5—吸水管；6—压水管

$$\eta = \frac{Q_2 H_2}{Q_1(H_1 - H_2)} = qh \qquad\qquad (2\text{-}1)$$

图2-3所示为射流泵的性能曲线，它是由给出的m值，以流量比q为横坐标，压头比h和效率η为纵坐标，而绘制的（q-h）、（q-η）曲线。

由（2-1）式及图2-3可以看出：当被抽流体的流量Q_2一定时，若工作流体的流量Q_1变小，则流量比q值变大，由图中知，压头比h值变小，泵的扬程H_2变低。这时，为了使泵能得到较高的效率，必须使断面比m值较小，即与喷嘴断面积F_1相对应的混合管断面积F_2要变大。这就是低扬程射流泵。反之，当Q_2一定时，若Q_1变大，则q变小，由图中知，h值变大，泵的扬程H_2增高。这时，m值较大，即与喷嘴断面积F_1相对应的混合管断面积F_2要变小。这就是高扬程射流泵。

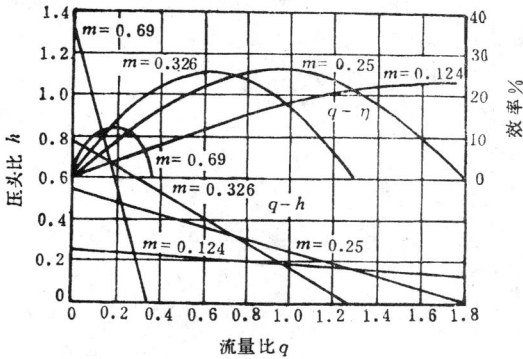

图 2-3　射流泵的性能曲线

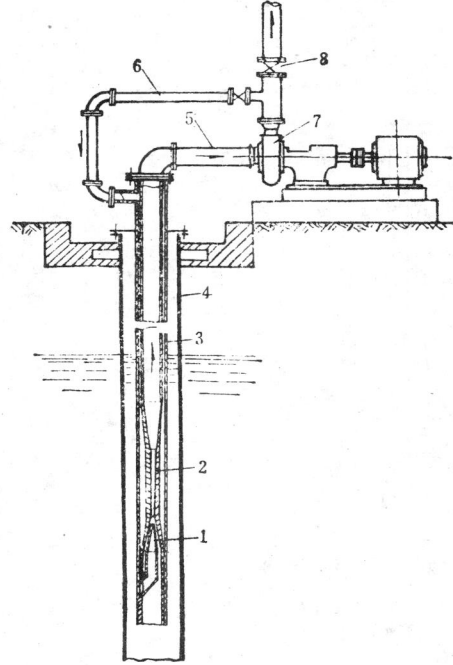

图 2-4　射流泵与离心泵联合工作

1—喷嘴；2—混合管；3—套管；4—井管；5—水泵吸水管；6—工作压力水管；7—水泵；8—阀门

当射流泵喷嘴出口处的压力降低到相应于被抽水温的饱和蒸汽压力时，射流泵也要发生汽蚀现象。

三、射流泵的特点及应用

射流泵的主要特点是泵体内没有转动部件，因此它具有以下优点：（1）构造简单、加工容易、操作和维修方便；（2）工作可靠、密封性能好，不但可以抽升污泥或其它颗粒液体，而且有利于输送有毒、易燃和放射性介质；（3）体积小，重量轻，便于组合利用。如图2-4所示为射流泵与离心泵联合工作装置，可从深井中取水。它除作为输送机械外，还可兼作混合反应设备。

射流泵的主要缺点是效率较低。需要耗用一定量的有压流体。

由于射流泵具有上述优点，近年来它已发展成为一门新的学科——"喷射技术"。利用喷射技术可以使整个工艺流程和设备大为简化，并提高工作可靠性。目前在国内外"喷射技术"已被广泛用于水利、电力、交通、冶金、化工、石油、环境保护、海洋开发、核能利用、航空及航天等部门。在给水排水工程中，应用也较广泛，诸如深井提水；离心泵启动前抽气引水；抽吸液氯和混凝剂溶液；射流曝气；污泥搅拌和混合；泵房排水等。

第二节 气 升 泵

气升泵又称空气扬水机，它是以压缩空气为动力来抽升液体的机械。其基本构造如图2-5所示，由扬水管1、输气管2、喷嘴3和气水分离箱4等部件组成。

一、工作原理

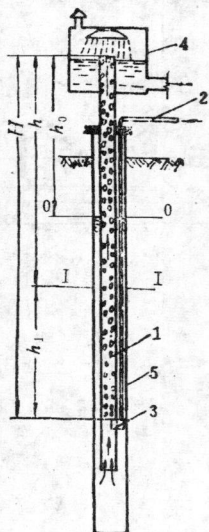

图 2-5 气升泵构造
1—扬水管；2—输气管；3—喷
嘴；4—气水分离箱；5—井管

如图2-5所示，来自空气压缩机的压缩空气由输气管经喷嘴输入扬水管下部，在该处形成气水混和液。气水混合液密度比水的密度小，根据连通管平衡原理，为了和扬水管外的井中水柱压力相平衡，扬水管中的气水混合液必然上升，流入气水分离箱，分离出来的水经管道引入水池中。气升泵工作时，除了靠上述井中水柱压力扬水外，还由于空气的喷射把部分动能传给水，以及气泡的上升速度大于水而引起的"挟带作用"等因素带动水流上升。

在如图2-5所示气升泵装置中，地下水的静水位为0-0，动水位为I-I，根据液体平衡的条件，在高度为h_1的水柱压力作用下，气水混合液上升至h的高度，其等式如下：

$$\rho_w h_1 = \rho_m H = \rho_m (h_1 + h) \qquad (2-2)$$

式中　ρ_w——水的密度（kg/m³）；

ρ_m——扬水管内气水混合液的密度（kg/m³）；

h_1——井内动水位至喷嘴的距离，称为喷嘴淹没深度（m）；

h——提升高度（m）。

只要$\rho_w h_1 > \rho_m H$，水气乳液就能沿扬水管上升至管口而溢出，气升泵就能正常工作。将（2-2）式移项可得：

$$h = \left(\frac{\rho_w}{\rho_m} - 1 \right) h_1 \qquad (2-3)$$

由上式可知，要使气水混合液上升至某高度h，必须使喷嘴下至动水位以下某一深度h_1，并需供应一定量的压缩空气，以形成一定的ρ_m值。通入的空气量越大，气水混合液的密度就越小，其上升的高度就越大。同样，喷嘴的淹没深度越深，井中水柱形成的压力就越大，气水混和液上升得越高。因此，压缩空气量和喷嘴淹没深度是与气水混和液上升高度h值直接有关的两个因素。

试验结果表明，要使气升泵具有较佳的工作效率η，必须注意h、h_1和H三者之间应有一个合理的配合关系。h_1与H的关系一般用淹没深度百分数m表示，即：

$$m = \frac{h_1}{H} \times 100\% \qquad (2-4)$$

根据提升高度h选择较佳的m值时，可参照表2-1所示的试验资料。例如：已知提升高度$h = 30$m时，查表2-1得$m = 0.7$，代入式（2-4）中可求出$h_1 = 70$m。也就是说，该装置在提升高度为30m时，喷嘴淹没动水位以下要70m。淹没深度大大地超过了提升高度，故气升泵在抽升地下水时，要求井打得比较深，以满足喷嘴淹没深度的要求。

提升高度与较佳 m 值关系　　表 2-1

提升高度　　（m）	较佳 m 值　　（%）
<40	70~65
40~45	65~60
45~75	60~55
90~120	55~50
120~180	45~40

二、气升泵的特点及应用

气升泵的优点是：井下部分只需要输气管、扬水管和喷嘴，所以结构简单，工作可靠。其动力部分在地面，安装维护方便。扬水管过流面积较大，不易堵塞。所以适合抽取含泥沙的水，并适用于井管倾斜的场合。气升泵的缺点是工作效率低，动力费用大，为保证淹没深度，需要比普通井凿得深。

由于具有上述特点，气升泵不但适用于深井抽水，而且还可抽升泥浆、矿浆、卤液等。气升泵一般用于抽水试验和洗井，即成井装泵前，用以抽吸井内淤塞泥砂和杂物，使水变清。在石油工业的"气举采油"，矿山中的井巷排水，中小型污水处理厂的污泥回流等方面，气升泵亦得到广泛采用。

第三节　往　复　泵

往复泵是容积式水泵的一种，它是利用工作室容积周期性地改变来输送液体并提高其能量的。由于泵的主要工作部件（活塞或柱塞）的运动为往复式的，故称为往复泵。

一、工作原理

图2-6所示为往复泵的工作示意图。往复泵主要由活塞、泵缸、吸水阀、压水阀、吸水管和压水管等组成。活塞和吸水阀压水阀之间的空间称为工作室，往复泵的工作可分为吸水和压水两个过程。当活塞由原动机带动从泵缸的左端开始向右移动时，泵缸内工作室的容积逐渐增大，压力逐渐降低，在泵缸内外形成压力差，压水阀在压差作用下关闭，吸水阀则在压差作用下开启，水由吸水管进入泵缸。当活塞移动到右端顶端位置时，工作室容积达到最大值，所吸入的水量也达到最大值，这个过程称为吸水过程。相反，当活塞向左移动时，泵缸内的水受到挤压，压力增高，吸水阀在泵缸内外压差作用下而关闭，压水阀则开启，将水从压水管排出。当活塞移动到左端顶端位置时，所吸入的水排尽，这个过程就称为压水过程。如此，周而复始，活塞不断进行往复运动，水就间歇而不断地被吸入和排出。

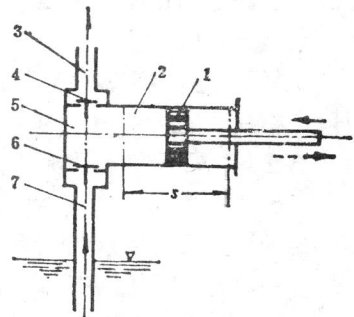

图 2-6　往复泵工作示意图

1—活塞；2—泵缸；3—压水管；4—压水阀；5—工作室；6—吸水阀；7—吸水管

活塞在泵缸内从一顶端位置移至另一顶端位置，这两顶端之间的距离 S 称为活塞行程长度（也称冲程）。两顶端叫做死点。

吸水阀和压水阀装在活塞的一侧，如图2-6所示，活塞往复一次，只有一次吸水和一次压水过程，这种泵称为单作用往复泵。

活塞两侧都装有吸水阀和压水阀，活塞往复一次有两次吸水和两次压水过程，这种泵称为双作用往复泵，如图2-7所示。

如图2-8所示为差动式往复泵，这种泵的活塞往复一次有一次吸水和两次压水过程。

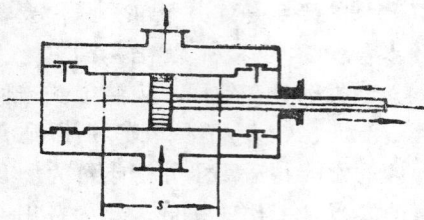

图 2-7 双作用往复泵

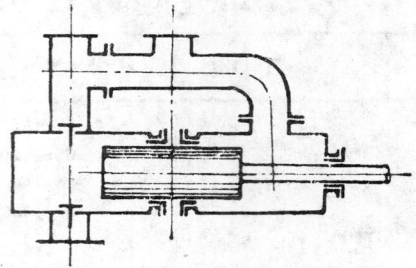

图 2-8 差动式往复泵

二、往复泵的性能特点及应用

往复泵的性能特点可归纳为以下几点：

1.高扬程、小流量

往复泵的扬程取决于管路装置、原动机功率及泵本身的机械强度。只要原动机有足够的功率，泵本身和管路装置有足够的材料强度，理论上说，往复泵的扬程可以无限高。而流量受泵缸容积的限制，且往复泵的转数（活塞每分钟往复次数）较低。因此，往复泵是一种高扬程、小流量的容积式水泵。

2.流量与扬程无关

往复泵的流量只与活塞直径、行程和往复次数有关，而与泵的扬程无关。因此，它必须采用开闸启动，并且不能用闸阀来调节流量。在往复泵装置中必须设置调节流量和安全设施。避免在超压时，造成泵、原动机和管路损坏。

3.具有自吸能力

往复泵是依靠活塞在泵缸内改变工作室容积而吸入和排出液体的，运行时吸入口和排出口是相互间隔互不相通的。因此，泵在启动时能把吸水管内的空气逐步吸入并排出，启动前不必象离心泵那样先充满水，而具有自吸能力。

4.出水不均匀

由于往复泵的吸水和压水过程是间隔进行的，因此出水量不均匀，并在进行中容易产生冲击和振动。可采用双作用往复泵或差动往复泵。

往复泵与离心泵相比，外形尺寸和重量都大，价格也高，结构较复杂，操作管理不便，所以，一般都被离心泵所代替。但在高扬程、小流量、输送特殊液体、要求自吸能力高的场合以及要求准确计量等方面，它仍较离心泵优越，而应采用往复泵。例如，水厂中可直接利用柱塞计量泵作为混凝剂溶液的投加设备，泵在投加药液的同时还能对所加药液进行准确的计量。柱塞计量泵实际上是一种流量可以调节控制的柱塞式往复泵，它的流量的大小是借助改变柱塞的行程和往复次数来进行调节的。

第四节 螺 旋 泵

螺旋泵依靠螺旋的旋转来输送液体，它的作用原理与我国的龙骨水车相似，即将原动机的机械能转换为提升液体的位能。是一种低扬程、低转数、运转可靠、构造简单的提水设备。

一、螺旋泵基本构造和工作原理

螺旋泵的装置由螺旋泵、原动机和变速传动机构三部分组成。其中螺旋泵主要由螺旋叶片 1、下部轴承 2、上部轴承 3、泵轴 4 等组成，如图2-9所示。

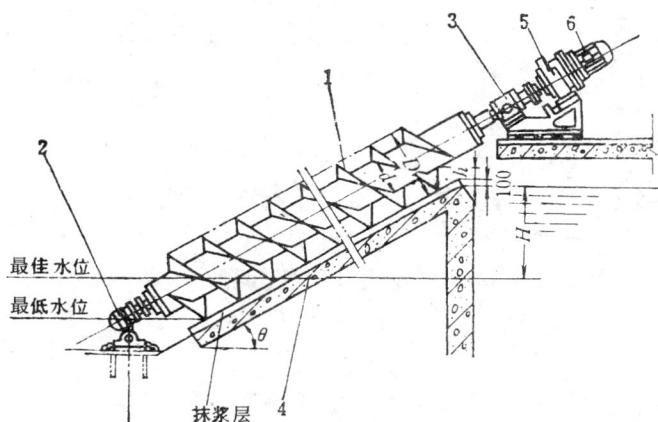

图 2-9 螺旋泵装置

1—螺旋叶片；2—下部轴承；3—上部轴承；4—泵轴；5—变速装置；6—电动机

螺旋泵倾斜地装在进水和出水水槽之间，泵的下端叶片浸入到水面以下。当泵轴旋转时，螺旋叶片将水推入叶槽，水在旋转的螺旋叶片作用下，沿螺旋轴→叶槽→叶槽往上提升，直至螺旋泵的出水口，水流入出水水槽中。由此看出，螺旋泵只改变液体的位能。

二、螺旋泵主要设计参数

1.安装倾角(θ)　指螺旋泵轴与水平面的夹角。它直接影响泵的效率和流量值。据有关资料介绍，倾角每增加一度，效率大约降低3%，一般认为倾角在30～40°为宜。

2.螺旋叶片直径(D)　螺旋泵的叶片直径与泵轴直径的最佳比例为2∶1，通常叶片直径越大，泵的效率越高。

3.头数(Z)　指螺旋叶片的片数，一般为2～4片，头数越多，泵效率越高。对于一定直径的螺旋泵，每增加一个头数，提升能力约增加20%。

4.提升高度(H)　螺旋泵提升高度不能自由选择，它与螺旋外径和倾角的大小有关，表2-2列出叶片直径D与提升高度H关系值。

提升高度H=（出水槽最高水位－进水槽最低水位）+ 螺旋泵出口保护高度

保护高度一般为100mm。

计算原动机输出功率的扬程为：

$$H_N = H + h \tag{2-5}$$

式中　H_N——计算原动机输出功率的扬程（m）；

　　　　h——螺旋泵出口处叶槽水深，一般取0.33D（m）；

　　　　H——提升高度（m）。

5.转速(n)　螺旋泵的转速一般为20～90r/min，叶片直径越大，其转速应越低。其最佳转速可按下列经验公式计算。

$$n = \frac{50 \sim 55}{\sqrt[3]{D^2}} \tag{2-6}$$

叶片直径D与提升高度H关系　　表 2-2

螺旋叶片直径D(mm)	提升高度H（m）
～500	5
～700	6
～1500	7
>1500	8

式中　　n——螺旋轴转数（r/min）；

　　　　D——叶片直径（m）。

　6.螺旋泵出水量（Q）　其出水量可按下式计算

$$Q = \phi D^3 n \qquad\qquad (2-7)$$

式中　　Q——泵出水量（m³/min）；

　　　　D——叶片直径（m）；

　　　　n——螺旋轴转速（r/min）；

　　　　ϕ——流量系数，$\phi = \dfrac{3\pi}{16}a$；

　　　　a——扬水断面系数，其值与安装倾角θ有关。

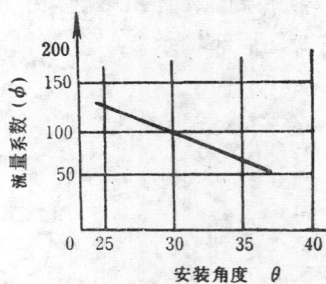

图 2-10　θ-ϕ 关系

螺旋泵的安装角度θ与流量系数ϕ的关系见图2-10。

　7.螺旋泵的效率（η）　螺旋泵外径越大，其效率值越大，一般外径$D = 700$mm时，$\eta = 70\%$；$D = 1500$mm时，$\eta = 75\%$；$D > 1500$mm时，$\eta = 80 \sim 82\%$。

三、螺旋泵性能曲线

当转数一定时，其吸水水位与出水量、效率、轴功率之间关系曲线如图2-11所示。

表2-3所示为国产 LXB-2-Z 型螺旋泵性能表。

　型号意义：如300LXB-2-Z

　300——叶片外径（mm）；

　LXB——螺旋泵；

　2——螺旋头数；

　Z——安装型式为支座式。

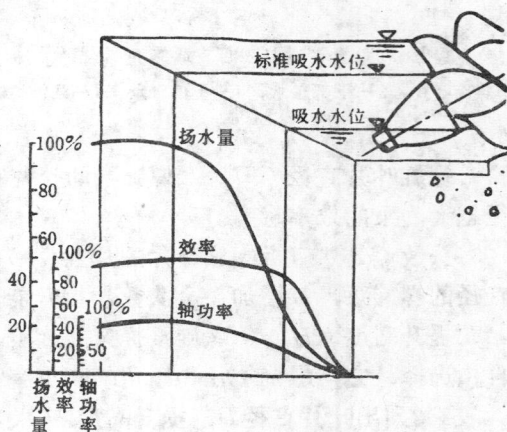

图 2-11　螺旋泵性能曲线

　【例】　已知某污水处理厂回流污泥量$Q = 600$m³/h，进水槽最低水位标高37.25m，出水槽最低水位标高40.60m，螺旋泵出口保护高度为100mm，试选择适宜水泵。

　【解】　已知要求出水量$Q = 600$m³/h

提升高度$H = (40.60 - 37.25) + 0.1 = 3.45$m

查表2-3，可选用二台700LXB-2-Z型螺旋泵，每台泵出水量$Q_1 = 300$m³/h，$H = 3.5$m，电机功率$N = 5.5$kW，泵效率$\eta = 70\%$，转数$n = 63$r/min。

考虑安全提升回流污泥，共选用三台螺旋泵，其中一台为备用泵。

四、螺旋泵的优缺点

螺旋泵的优点：

1.构造简单，便于维护保养；

2.其高效区工作范围大，能适应进水量变化，万一空转时也不会损坏；

3.水泵转速低，磨损小，寿命长；

4.螺旋部分为敞开式，不易堵塞。

螺旋泵缺点：

1.提升高度小，出水侧不适用压力流；

LXB-2-Z型螺旋泵性能表　　　　　表2-3

参数 型号	转速 n (r/min)	出水量 Q (m³/h)	泵效率 η (%)	提升高度 H (m)									
				0.5	1.0	1.5	2.0	2.5	3.0	3.5	4.0	4.5	5.0
				配电机功率(kW)									
300LXB-2-Z	100	40	55		1.5								
400LXB-2-Z	84	75	60										
500LXB-2-Z	73	125	65					2.2					
600LXB-2-Z	66	185	65				2.2	3		4			
700LXB-2-Z	63	300	70	2.2	3					5.5	7.5		
800LXB-2-Z	55	385	70				5.5						
900LXB-2-Z	48	480	75	3	4		5.5		7.5		11		
1000LXB-2-Z	48	660	75	4	5.5	7.5	11		15				

注：1—安装角 θ＝30°；2—配用减速机型由厂家配套供货。

　2.与其它泵相比，相同性能时，体积较大；

　3.提升污水时，因搅拌而产生臭味，影响周围环境。

　由于螺旋泵具有以上特点，近年来逐渐在国内推广，适用于灌溉、排涝，污水处理厂的污水、污泥提升等。

第五节　水环式真空泵

　水环式真空泵是一种输送气体的流体机械。它依靠叶轮的旋转把机械能传递给工作液体，又通过液环对气体的压缩，把能量传递给气体，使其压力升高，达到抽吸真空或压缩气体的目的。水环式真空泵主要用于水泵启动前的抽气引水。

　一、水环式真空泵的构造和工作原理

　水环式真空泵的构造如图2-12所示，主要由星状叶轮1、水环2、进气口3和排气口4等组成。叶轮偏心安装于泵壳内，工作时要不断充入一定量的循环水，以保证真空泵的正常工作。

　工作原理：启动前，泵内灌入一定量的水，叶轮旋转时由于离心力作用，将水甩向四周形成一个和转轴同心的旋转水环，在叶轮偏心安装的情况下，水环上部的内表面与叶轮壳相切，水环下部的内表面与轮壳之间形成两个镰刀形的空气室。沿顺时针方向旋转的叶轮，在图中右半部的过程中，空气室的容积逐渐增大，压力随之降低，空气由进气口吸入。在图中左半部的过程中，空气室的容积逐渐减小，压力随之升高，将吸入的空气经排气口排出。叶轮不断旋转，真空泵就不断吸气和排气。

　二、水环式真空泵的性能

　泵站中常用的水环式真空泵有SZB和SZZ型。SZB型是单级单作用悬臂式水环真空泵，SZZ型是电机与真空泵为直联式，这种泵体积小、重量轻、价格低。图2-13所示为SZB型真空泵性能曲线图。

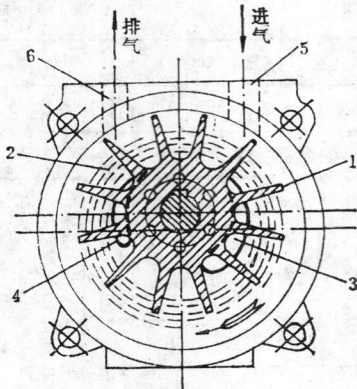

图 2-12 水环式真空泵构造图

1—星状叶轮；2—水环；3—进气口；4—排气口；
5—进气管；6—排气管

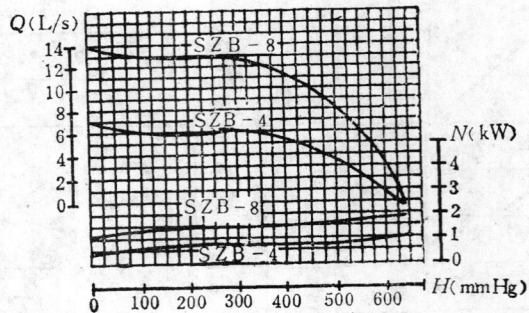

图 2-13 SZB型真空泵性能曲线

三、水环式真空泵的选择

选择真空泵根据水泵和吸水管所需的抽气量和最大真空值的大小而定。

抽气量按下式计算：

$$Q = K\frac{v_p + v_s}{T} \tag{2-8}$$

式中 Q——真空泵抽气量（m^3/min）；

K——漏气系数，一般取1.05～1.10；

v_p——泵站中最大一台水泵泵壳容积（m^3），相当于水泵吸水口断面积乘以吸水口至压水管闸阀的距离；

v_s——从吸水池最低水位至水泵吸水口的吸水管中的空气容积（m^3），其值可查表2-4；

T——水泵允许引水时间（min），一般不大于5min。

不同管径每米管长空气容积

$D(mm)$	200	250	300	350	400	500	600	800
$v_s(m^3/m)$	0.031	0.071	0.092	0.096	0.12	0.196	0.282	0.503

最大真空值H_v，可由吸水池最低水位至水泵轴线的垂直距离计算。如$H_{ss} = 5m$，则

$$H_v = \frac{5000}{13.6} = 368mmHg。$$

根据Q和H_v值查真空泵产品样本，选择适宜真空泵。一般一台工作一台备用。

思 考 题

1.叙述射流泵特点，它主要用在哪些场合？

2.试述往复泵的工作特点，为什么不能采用关闭阀门方法来调节出水量？

3. 往复泵适用于何种场合？

4. 气升泵的工作原理是什么？ 常用在哪些场合？

5. 螺旋泵的工作特点及适用场合？

6. 螺旋泵主要设计参数是哪些？

7. 怎样选择螺旋泵？

8. 水环式真空泵的工作过程？ 如何选用？

第三章 给 水 泵 站

水泵站是安装水泵和动力机、管路及辅助设备的构筑物，是给水系统中的主要构筑物之一。水泵站的主要作用是保证机组正常运行，满足供水要求，并为运行维护提供良好的工作环境。合理地设计与安装机组对发挥泵站的效益、节省工程投资、延长机组的寿命、安全运行都有重要意义。

第一节 给水泵站的分类

给水泵站的分类方法较多，常见的几种分类方法为：

一、按照在给水系统中的作用分为：

1. 一级泵站（取水泵站）

一般从水源取水，将水送至净水构筑物，或者直接将水送至用户。

一级泵站一般与取水构筑物合建。在这类泵站中，由于水源水位变化较大，受水泵吸程的限制，而使得泵房埋深大，造成土建和运行管理上的困难。

2. 二级泵站（送水泵站）

二级泵站通常设在配水厂内，自清水池中吸水送至用户。

因水泵从清水池中吸水，水位变化较小，通常不超过 3～4m，因此泵房埋深较浅，一般建成地面式或半地下式。

3. 加压泵站（中途泵站）

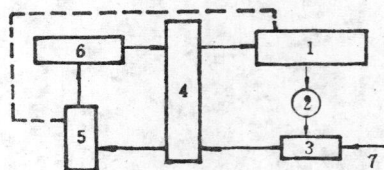

图 3-1 循环给水系统工艺流程
1—生产车间；2—净水构筑物；3—热水井；4—循环泵站；5—冷却构筑物；6—集水池；7—补充新鲜水

在某一供水地区或某些构筑物要求水压较高，而管网中水压不足时采用，以提高水压满足用户要求。

4. 循环泵站

某些工业企业的生产用水可以循环使用或经过处理后重复利用。如冷却循环系统中，生产车间排出热水经冷却构筑物冷却后的水再由循环水泵加压送至生产车间使用。如图3-1所示。

二、按照水泵机组位置与室外地面的相对高差，泵站分为：地面式泵站、半地下式泵站和地下式泵站。

三、按照水泵间是否浸在水中，分为干室式和湿室式泵站。两者区别在于，前者水泵间与水池隔离，水泵间内无水浸入；后者水泵与水池相通，水泵间内有水浸入。

四、按照操作方法分为手动操作、半自动操作、全自动操作和遥控等四种。半自动操作开始由人工按动电钮，使电路闭合或切断，以后动作由自动控制系统完成。全自动操作一切动作均由相应的自动控制系统来完成。遥控操作一切动作都在远离泵站的集中控制室进行。

第二节 水泵的选择

合理地选择机组是给水泵站设计的关键，它将直接影响到泵站的合理运行与投资。

一、选泵的依据

选泵的主要依据是根据用户所需要的水量、扬程及其变化规律。其内容请详见《给水工程》有关章节。

二、选泵的原则

1.所选择的水泵应满足各个时刻的流量和扬程的需要。

2.水泵在长期运行中工作点在高效区内，保证效率高、耗电少、抗汽蚀性能好。

3.所选用的机组建造的泵站，其土建和设备费用最少。

4.应考虑近远期结合，留有发展余地。

三、选泵步骤

所谓选泵，即根据用户要求，在已有的水泵系列产品中，选择一套能满足需要、性能好、便于检修、价格低、供应方便的机组。其步骤如下：

1.根据工作环境和吸水池水位变化，确定适宜的泵型。如采用离心泵还是轴流泵，是卧式泵还是立式泵，是深井泵还是潜水泵。

2.根据流量和扬程及其变化，从水泵性能表中，选择最佳水泵型号和确定水泵台数。

3.根据所选机组初步设计泵站，然后验算管路水头损失，校核工作点是否处于高效区内。

4.按设计规范配备适当备用机组。

四、选泵注意的几个问题

1.水泵类型的选择

水泵的类型较多，究竟选择哪一种应视具体情况而定。

（1）在泵站中，尽量选用相同类型的水泵，以便于施工、安装、运行和维修管理。

（2）尽量选用卧式泵。因它便于安装和检修，价格也比立式泵便宜。

（3）优先选用性能好，价格低，供货方便的机组。

2.水泵台数的确定

（1）在满足选泵原则的前提下，尽量选用大泵，减少水泵的台数。这样可使机组效率高，占地面积少。

（2）在用水量和扬程变化较大时，可选用不同型号或适当增加水泵台数，搭配运行，使供水级数增多，提高供水可靠性。特别注意工作点远离水泵额定工作点右侧时，是否会产生电机超载和汽蚀问题。

（3）根据供水可靠性要求不同，备用泵的数量一般为1～2台，以满足事故和检修时的供水要求。

3.尽量减少能量的浪费

减少能量浪费，对机组的经济运行是十分重要的。当流量和扬程变化较大时，往往不能选到理想的水泵，使工作点均处在高效区内。这时应着重使出现机率较多的工作点处在高效区内，那些出现机率较少的工作点，可采用变速、变径等措施来减少能量消耗。

举例说明选泵过程：

已知：某用户生活用水量最高时为 $Q = 1300 \text{m}^3/\text{h}$，其管路水头损失 $\Sigma h = 10 \text{m}$，其它时刻用水量 $Q = 585 \text{m}^3/\text{h}$，管路水头损失 $\Sigma h = 2.0 \text{m}$。吸水池最低水位标高39m，地面标高为42m，用水最不利点水压标高为67m。试选择水泵。

【解】 计算最高时流量和扬程：

$$Q = 1300 \times \frac{1}{3.6} = 360 \text{L/s}$$

$$H = H_{st} + \Sigma h = (67 - 39) + 10 + 2 = 40 \text{m}$$

式中 2m为泵站内暂估水头损失值。

根据上述流量Q及扬程H值，查水泵总型谱曲线图得知，应选用Sh型卧式离心泵。

在Sh型水泵性能曲线中，以扬程 $H = 40 \text{m}$，选择那些流量之和略大于360L/s的泵型，结果列入表3-1中。

方　案	泵　　型	台　数	性　能　参　数
I	10Sh-9	3	$H = 40 \text{m}$, $Q = 120 \times 3 = 360 \text{L/s}$, $N = 58 \times 3 = 174 \text{kW}$, $\eta = 80\%$, $[H_s] = 6 \text{m}$
II	8Sh-13A 10Sh-9	2 2	$H = 40 \text{m}$, $Q = 62 \times 2 + 120 \times 2 = 364 \text{L/s}$, $N = 32 \times 2 + 58 \times 2 = 180 \text{kW}$, $\eta = 78\%$, $[H_s] = 3 \text{m}$

其它时刻流量和扬程：

$$Q = 585 \times \frac{1}{3.6} = 163 \text{L/s}$$

$$H = (67 - 39) + 2 + 2 = 32 \text{m}$$

选择方法同上，结果列入表3-2中。

表 3-2

方　案	泵　　型	台　数	性　能　参　数
I	10Sh-9	1	$H = 32 \text{m}$, $Q = 168 \text{L/s}$, $N = 66 \text{kW}$, $\eta = 80\%$, $[H_s] = 6 \text{m}$
II	8Sh-13A	2	$H = 32 \text{m}$, $Q = 84 \times 2 = 168 \text{L/s}$, $N = 33 \times 2 = 66 \text{kW}$, $\eta = 77\%$, $[H_s] = 3 \text{m}$

对上述选泵方案进行综合比较，认为方案Ⅰ更为合理，即最高时用三台10Sh-9型水泵并联工作，其它时单台工作。考虑检修等因素，另增加一台备用泵，共计四台10Sh-9型水泵。

推荐方案Ⅰ的优点是：在满足流量和扬程的条件下，机组台数少，功率小，水泵同型号，互为备用，水泵的效率高而且吸水性能也好。但供水量级差较大，而且流量调节不如方案Ⅱ变化点多。

第三节　泵房的布置

泵站设计中在确定了机组型号、台数后、应进行机组，管路和其它设备的布置。

一、布置内容

1. 机组及其管路布置。
2. 辅助设备的布置。
3. 检修场地及人行通道的布置。
4. 电器设备以及操作控制室的布置。
5. 噪声消除设备的布置。

泵房布置中应预留发展与扩建的可能，并考虑操作控制室与水泵间的隔音。

二、主要设备的布置

1. 机组的布置

机组布置一般有以下几种形式：

（1）各机组轴线平行单排并列，如图3-2（a）所示。这种布置形式适宜IS型机组。

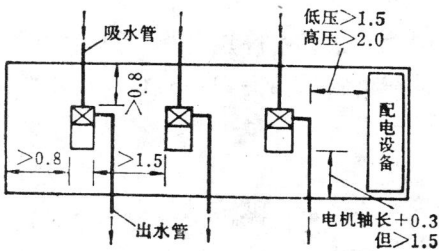

图 3-2（a）　轴线平行单排布置

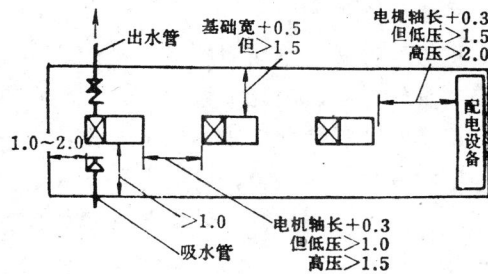

图 3-2（b）　直线单行布置（单位以m计）

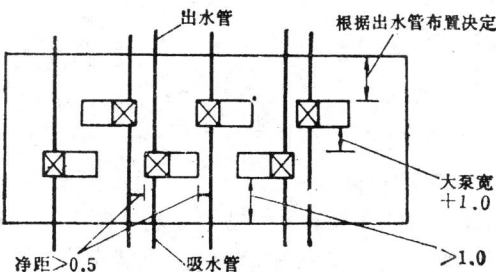

图 3-2（c）　交错双行布置（单位以m计）

这类水泵是沿泵轴方向进水，吸水管路可不设或少设弯头，改善水流条件减少水头损失。出水管出水方向可向上或水平方向布置。

（2）各机组轴线呈一直线单行顺列，如图3-2（b），这种布置形式适宜Sh型机组。泵房宽度可比第一种布置形式要小。进、出水管路可直进直出，减少管路长度和零件。

（3）机组轴线平行双排交错顺列，如图3-2（c），当泵房内机组较大，台数较多时，为减少泵房长度可采用这种布置形式。此种布置形式，因两排水泵的进、出口位置彼此相反，订货时应向厂方特别说明。

2.检修场地布置

机组运行一段时间应进行解体检查，泵房内应设有机组检修位置。检修位置一般靠近泵房大门，其平面尺寸要求能够放下泵房内的最大设备，其周围通道宽度最小不得小于0.7m。如机组较小或机组间距较大，机组附近能放下设备检修时，可以就地检修，不设专用检修场地。

3.泵房内通道布置

泵房内进行机组、管道及辅助设备布置时，同时考虑工作人员经常检查和维修时的行走通道，一般主通道宽度不小于1.2m，靠近设备通道不小于0.7m。主通道一般布置在水泵出水侧。管路布置位置应以便于通行为原则。其具体布置见本章第四节。

4.引水设备布置

离心泵启动前需要充满水。对于自灌式泵站无须引水设备，但非自灌式泵站需要选择引水设备（引水设备和方法详见本章第五节）。其布置位置以不影响机组检修，便于操作，不加大泵房面积为原则。一般布置在水泵进水侧靠墙或泵房一侧空地上。抽气管路可沿墙或沿管沟敷设。

5.排水系统布置

机组运行时，水泵填料函、阀门、引水设备的排水、水泵检修放空水以及事故时的跑水等要及时排出，因此，泵房内应设排水系统。通常在机组周围设50×50mm集水沟或地漏，用排水铸铁管引向集水坑，集水坑内的水尽可能采用重力流排除，如果没有这个条件，应设专用排水设备，定时抽出积水。

排水系统布置位置应以不增加泵房面积，便于管理为原则，通常设在泵房一侧空地或平台的下部。

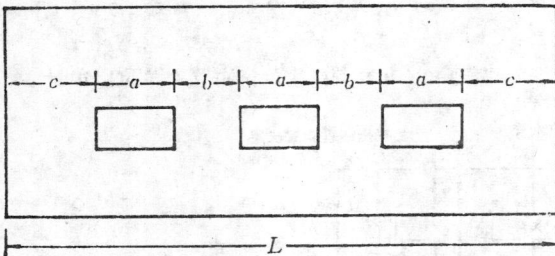

图 3-3 泵房长度

三、泵房尺寸的确定

在给水泵站中常见的是矩形泵房，泵房尺寸的确定主要是指泵房的长度，宽度和高度。

1.矩形泵房长度

矩形泵房长度取决于机组台数、大小、机组的布置方式和间距。如图3-3所示。l为机组基础长；b为基础的间距；c为基础与墙的间距。

《室外给水设计规范》规定，机组间距如表3-3所示。

在确定泵房长度时还应考虑下列因素：

（1）泵房开间尺寸采用标准模数，以便选用标准构件，减少设计工作量。

表 3-3

布　置　情　况	最　小　间　距
1.相邻两基础间距 　（1）电机功率小于55kW 　（2）电机功率大于55kW	不小于0.8m 不小于1.2m
2.相邻两机组突出部分的净距以及机组突出部分与墙的距离	应保证泵轴或电机转子检修时可以拆卸，并不小于0.7m
3.两机组的电机功率大于55kW	同上要求，并不小于0.7m

（2）每台水泵进、出水管路穿墙位置应错开泵房柱子，以免破坏承重结构。

2.泵房宽度

矩形泵房跨度是根据水泵尺寸，进出水管路上的阀门、配件等尺寸确定。但一般采取标准预制构件屋面梁，泵房宽度为6、9、12、15、18、21m等。例如以Sh型水泵采用单行顺列布置，进出水管路直进直出，水池水位高于泵轴线，其平面布置如图3-4所示。

3.泵房高度

泵房高度是指泵房室内地面与屋顶梁底皮的净距。泵房内不设吊车时，泵房高度以满足临时架设起吊设备和采光通风的要求为原则，一般不小于3m。泵房内设吊车时，其高度通过计算确定。辅助用房的高度一般采用3m。

采用单轨吊车时

（1）地面式泵房，如图3-5。

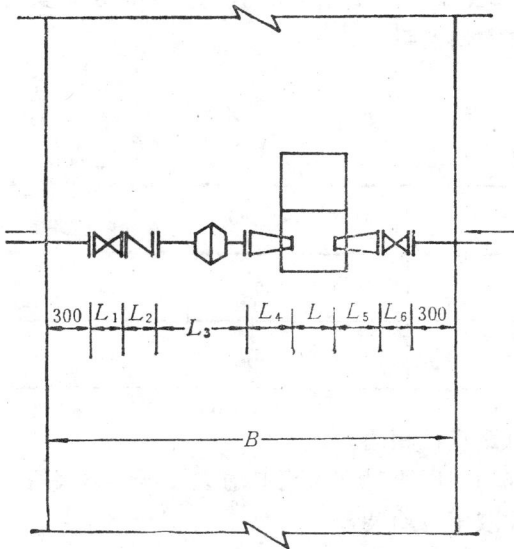

图 3-4　泵房宽度

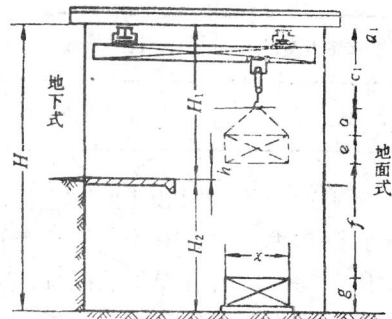

图 3-5　设有单梁悬挂式吊车的地面式和地下式泵房高度简图

$$H = a + b + c + d + e + f + g（m）$$

式中　H——泵房高度（m）；

　　　a——单轨吊车梁的高度（m）；

　　　b——滑车架高度（m）；

　　　c——起重葫芦在钢丝绳绕紧状态下的长度（m）；

　　　d——起重绳的垂直长度（对于水泵为$0.85X$，对于电动机为$1.2X$，X为起重部件宽度）（m）；

　　e——最大一台水泵或电动机的高度（m）；

　　f——吊起物底部和最高一台机组顶部的距离（一般不小于0.5m）；

　　g——最高一台水泵或电动机顶至室内地坪的高度（m）。

（2）地下式泵房：

当$H_2 > f + g$：

$$H = H_1 + H_2 \text{（m）}$$

式中　H_2——泵房地下部分高度（m）；

　　　H_1——泵房地上部分高度（m），

$$H_1 = a + b + c + d + e + h \text{（m）}，$$

其中　h = 吊起物底部与泵房进口处室内地坪或平台的距离（一般不小于0.2m）。

当$H_2 < f + g - h$：

$$H_1 = (a + b + c + d + e + f + g) - H_2 \text{（m）}$$

第四节　吸水管路及出水管路

　　吸、出水管路是给水泵站的重要组成部分。正确设计，合理布置与安装是泵站安全运行，节省投资，改善水流条件，减少电耗有着密切关系。

　　一、吸、出水管路管径及流速

　　1.吸、出水管的流速可根据表3-4的范围选定。

表 3-4

管径　（mm）	$d < 250$	$250 \leqslant d < 1000$	$1000 \leqslant d < 1600$	$d \leqslant 1600$
吸水管内流速	1.0～1.2	1.2～1.6	1.5～2.0	1.5～2.0
出水管内流速	1.5～2.0	2.0～2.5	2.0～2.5	2.0～3.0

　　2.管道上的阀门和止回阀直径，一般与管路直径相同。

　　3.泵房内经常启闭的阀门，当管径$d \geqslant 300$mm以上时可采用电动或液压传动阀门；在自动化泵房内，所有操作阀门都应安装电动或液压传动装置。

　　二、吸水管路的布置与要求

　　吸水管路常处于负压状态下工作，因此要求吸水管路不漏气，不产生气囊。否则会使水泵的出水量减少，严重时则吸不上水。如图3-6给出了吸水管路正确与不正确的敷设方法。

　　1.吸水管路布置时应尽可能短，减少附件和配件，使水头损失小，提高吸水管路效率。

　　2.吸水管路水平管段应设有坡向水泵坡度，一般不小于0.005。

　　3.吸水管路一般采用钢管，它的强度高，重量轻，便于安装与检修，埋于土中的钢管应做防腐层。

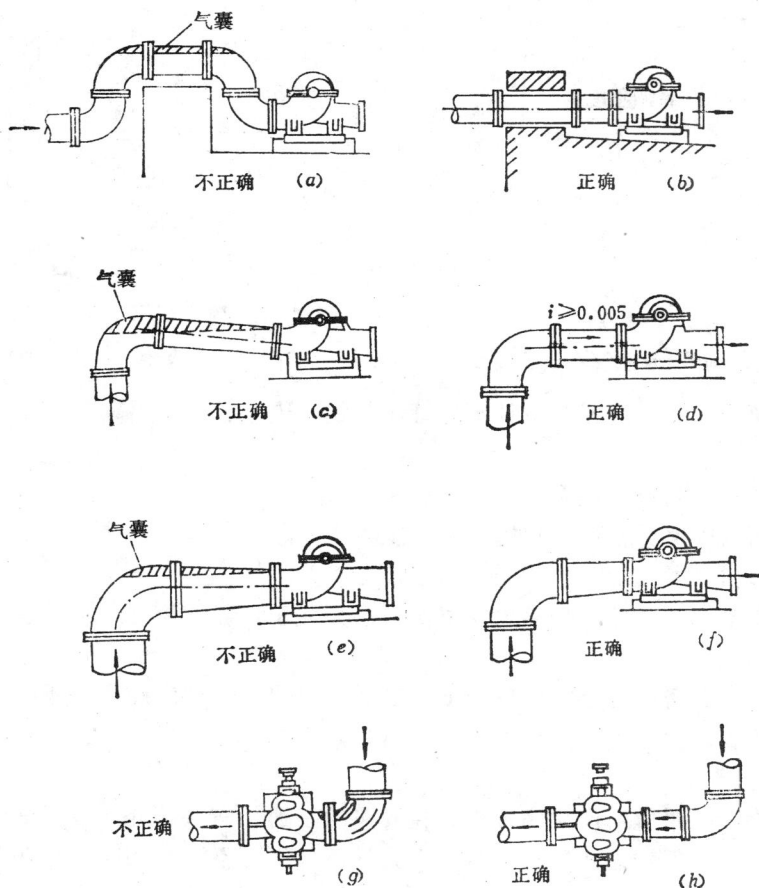

图 3-6 吸水管正确与不正确的安装图

4.每台水泵宜设置单独的吸水管，直接向吸水井或清水池中吸水。当二级泵站机组台数较多，每台泵不便于设置单独吸水管路时，可采用多台水泵从共用吸水总管中吸水，如图3-7所示。设计吸水总管时，管顶标高应低于清水池最低水位标高减去清水池至吸水总管之间的水头损失值。使吸水总管经常处于充满水状态，减少吸水故障。管中流速采用0.7～0.9m/s。在吸水总管上应设阀门，防止水池或吸水总管检修时泵站停止工作。

5.当吸水水位高于水泵轴线，在吸水管上应设阀门，以便于水泵检修。阀门一般采用手动。

6.吸水管的直径一般大于水泵吸水口的直径，必须采用偏心异径管连接，保证异径渐缩管上边成水平，以免形成气囊。

7.为使吸水管路进口有较好的进水条件，互相不干扰,防止水面产生漩涡而吸入空气，吸水管进口在水池中的位置如图3-8所示，具体尺寸如下：

（1）吸水管进口应低于水池最低水位，即$h>0.5～1.0m$；

（2）吸水管进口高于池底0.8D，D为吸水管喇叭口（或底阀）扩大部分的直径，通常D为吸水管直径的1.3～1.5倍。

（3）吸水管进口边缘距池壁不小于（0.75～1.0）D；

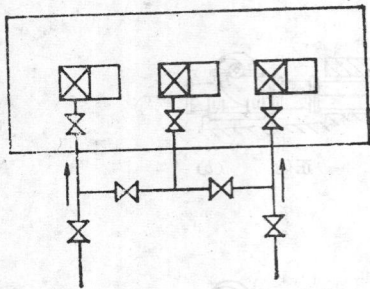

图 3-7　水泵共用吸水总管布置简图

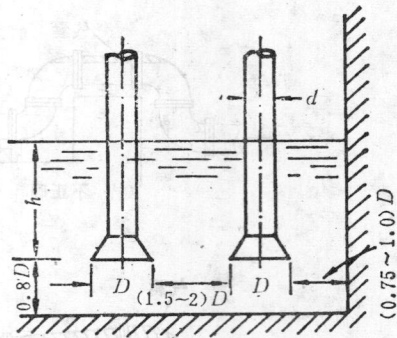

图 3-8　吸水管在吸水池中的位置

（4）在同一水池中放置多条吸水管时，其进口边缘之间的距离不小于（1.5～2.0）D；

三、出水管路的布置与要求

泵站内的出水管路经常处于高压（尤其发生水锤时），其敷设应牢固不漏水。

1.管材及接口

泵站内常采用钢管，并尽量采用焊接接口，为便于拆装与检修，在适当的位置设法兰接口。

为了安装方便和避免管路上的应力（如自重，温度变化或水锤作用所产生的应力）传至水泵，在吸水管和出水管上，可设柔性接口。如图3-9所示。

2.附件的设置

为承受管路中的水压所产生的推力，在管路的三通、弯头等处应设置支墩或拉杆。

在出水管路上一般均设止回阀，只有在允许条件下可不设止回阀。如在某些取水泵站设计中允许水倒流。

止回阀一般安装水泵和阀门之间，有利于止回阀的检修。更换止回阀时，可用阀门把它与出水管路隔开，以免水倒灌泵站内。水泵每次启动时，闸板两侧受力均衡便于开启。出水管路中设阀门，一般出水管管径＞300mm时，多采用电动或水力阀门。具体设置见出水管路布置。目前，国内已广泛采用蝶阀。其优点是体积小，重量轻，开启迅速，占地少。

3.出水管路的布置

如图3-10a所示：三台水泵，两条输水管路。当阀门Ⅰ检修时，将一台水泵和一条输水

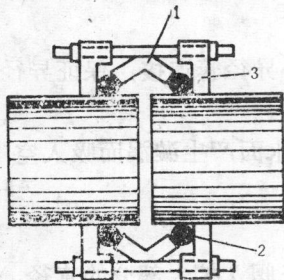

图 3-9　柔性接口

1—人字短管；2—橡胶圈；3—法兰盘

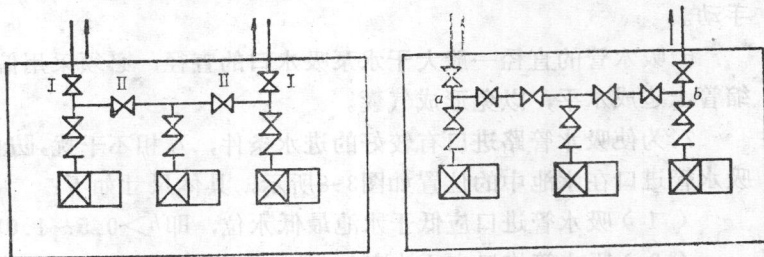

图 3-10　出水管路的布置

管停止工作，此时出水量由两台水泵经一条输水管送出；检修阀门Ⅱ中任意一个，需要停止两台水泵和一条输水管工作。此时若须保证两台水泵和一条输水管工作，则应在连通管路a-b段上设四个阀门，如图3-10（b）所示。

图3-11为地下立式泵的管路布置图。出水管路上的止回阀和转换用的阀门，安设在泵房外专用阀室中，减少了泵房面积。

有时为了减少泵房宽度，将输水联通管设在泵房外的管廊中或将联通管上的阀门设在阀门井中，如图3-12所示。设计阀门井应考虑能从地面上操作阀门。

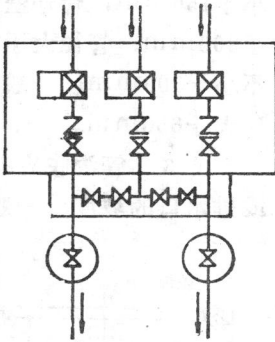

图 3-11　地下立式泵的管路布置图

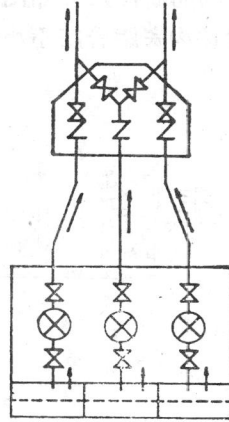

图 3-12　立式泵出水管路布置

四、吸、出水管路的敷设

泵房内的管路一般不直接埋于土中，常置于管沟中、地面上或架设于地板上空等位置。影响管路敷设位置因素较多，应从管径、泵房埋深、水力条件、水泵结构以及管理因素等方面综合考虑。

1.管路敷设要求

（1）互相平行敷设的管路，其净距不小于0.5m；

（2）管道穿越地下泵房钢筋混凝土墙壁及水池时，应设置穿墙套管，如图3-13所示；

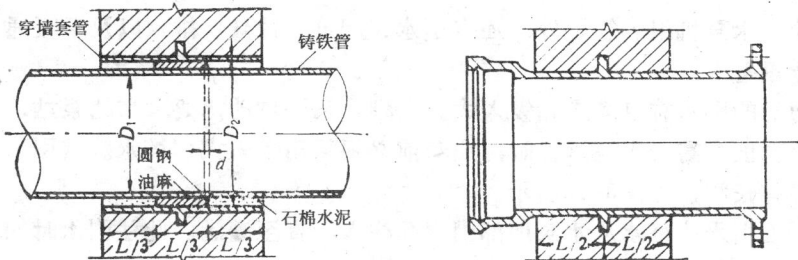

图 3-13　穿墙套管图

（3）埋深较大的地下式泵房和一级泵站进、出水管路一般沿地面敷设；地面式泵房或埋深较浅的泵房宜采用管沟内敷设，使泵房宽敞便于工作人员工作检修。

2.地面敷设

当管路敷设在地面上影响工作人员通行时，应设跨越通道或通行平台，以便操作与通行。

管路架空敷设不得阻碍交通，不得从电气设备上通过，管道可采用悬挂式或沿墙壁安装，管底距地面不小于2.0m。

3.管沟内敷设

常用管沟布置形式如图3-14所示，布置要求如下：

（1）管沟上应有可揭开的盖板，一般采用钢板或木板，也可采用钢筋混凝土板。

（2）管沟的断面尺寸如图3-15所示，规定如下：

沟深一般按沟底距管底不小于300mm；管顶至盖板底的距离根据水管埋深决定，并不小于150mm；管外壁距沟壁不小于200mm；管径大于300mm时，不小于300mm；一般管沟宽度还应大于650mm。

（3）管沟底应有坡向集水坑或排水口的坡度，一般为0.01。

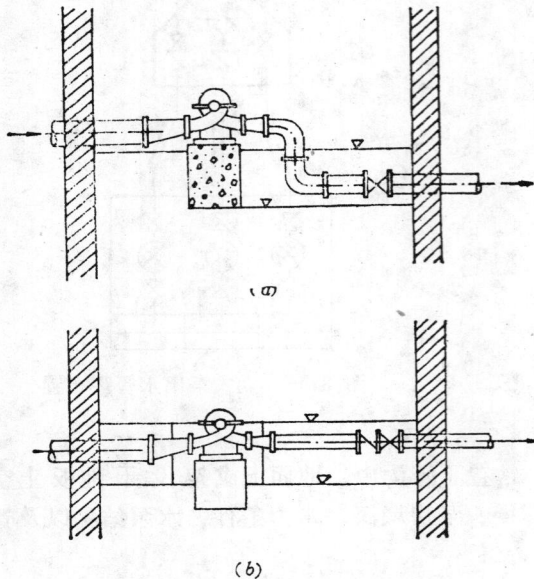

图 3-14 管沟布置图

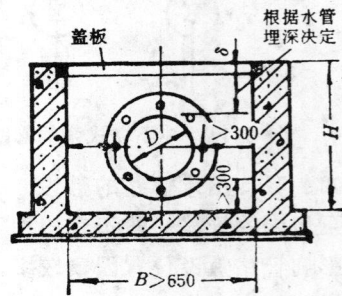

图 3-15 管沟间距

第五节 泵站辅助设备

泵站内除了水泵机组和管路外，还有引水、起重、计量、排水以及采暖通风等设备。

一、引水设备

水泵启动前的引水有自灌式和吸入式。大型水泵，自动化要求高的泵站，宜采用自灌式。当水泵外壳顶点高于水池水位时，启动前必须采用吸入式引满水。其引水方法有：

1.吸水管有底阀，如图3-16所示。

（1）人工引水：将水从水泵顶部引水孔注入，直至灌满。此法引水时间长，只适宜小型水泵临时性供水的场合。

（2）压力水管引水：一般由自来水管中接入充水。这种方法引水装置简单。

2.吸水管无底阀

（1）水射器引水：如图3-17所示。这种装置结构简单，安装方便。但效率低，需消耗一定水量，适宜小型泵站引水。

（2）真空水箱引水：如图3-18所示。这种装置是将具有一定真空度的水箱联接在水泵的吸水口上。其工作过程：先打开水箱顶部阀门4，将水灌入水箱2直至水位与水箱的进水管上口相平为止，关闭阀门4，即可启动水泵。水泵启动后，水箱内水位下降，水箱上部形成真空，水池水面在大气压作用下沿吸水管进入水箱，水不断供给水泵。停泵后，水箱中水面下降，直至水面压力与水池压力平衡为止。待下次水泵运行时随时启动。此法适用于小型水泵引水。

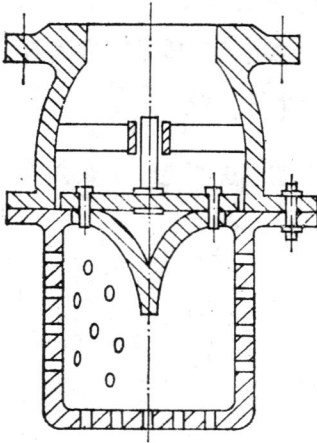

图 3-16　铸铁底阀

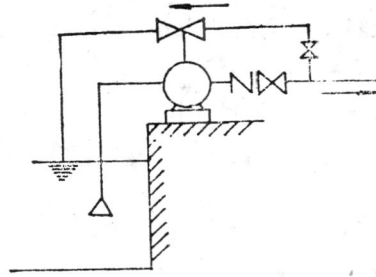

图 3-17　水射器引水

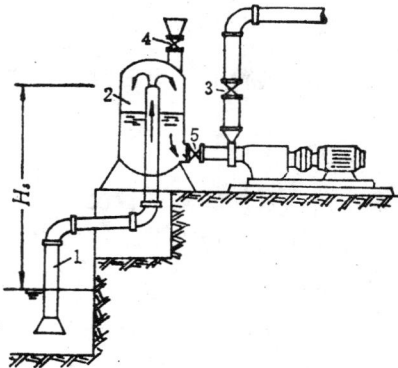

图 3-18　真空水箱引水装置

1—吸水管；2—真空水箱，3、5—阀门；4—截门

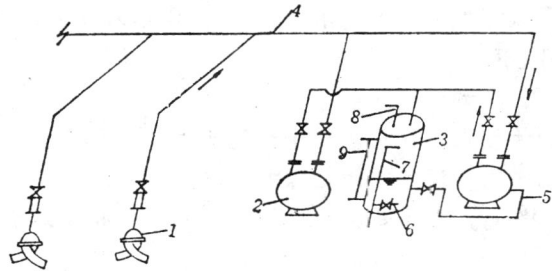

图 3-19　水环式真空泵抽气系统

1—水泵；2—真空泵；3—气水分离罐；4—抽气管； 5—循环水泵，6—放水管；7—溢流管；8—排气管，9—玻璃水位计

（3）水环式真空泵引水：目前在泵站中已广泛采用。这种方法水泵启动迅速，效率较高。但需要设置真空泵等设备和管路；水泵启动、操作麻烦，自动控制较复杂。

1）水环式真空泵抽气系统

泵站内真空泵一般布置在泵房内边角处。抽气装置系统如图3-19所示。图中气水分离罐的作用是保持水环式真空泵运行时，补充循环水，防止泵内水环变热而影响真空泵工作。

抽气管路布置可沿墙架空敷设或沿管沟敷设，抽气管与水泵泵壳顶的排气口相联接，抽气管径一般为20～40mm钢管，接口要严密。

操作时应注意：每次先启动真空泵，待泵内充满水后再启动水泵，并停止真空泵。

2）真空吊水

真空吊水是真空泵引水的另一种型式，它能使停止运行的水泵经常处于充满水状态。

真空吊水是在水泵和真空泵间设置真空罐，并经常保持一定的真空度，使水泵可随时启动；真空泵则根据真空罐内液位，自动开停。系统布置如图3-20所示。

a.真空泵和真空罐：在初始运行时，先启动真空泵，通过抽气管路将水泵和吸水管路内的空气经真空罐后，再利用真空泵将空气抽出，使罐内达到一定真空度，水位相应上升到H_6，经液位讯号器自动关闭。

真空系统，水泵填料函，吸水管路和水泵在负压情况下析出的气体不断进入真空罐，使罐内水位下降到H_4，此时水位讯号器自动使真空泵开启，直至罐内水位重新上升到H_6，这样使整个管路及水泵始终处于充满水状态。

b.水封罐：为防止真空泵停止运行时，空气从气水分离罐倒进真空泵而窜入真空罐，破坏整个真空吊水系统，所以需要设置水封罐。

水封水位H_7应满足以下关系：

$$H_8 - H_7 > H_6 - H_2 \qquad\qquad (3-1)$$

$$H_8 > H_1 \qquad\qquad (3-2)$$

式中　H_1——吸水池内高水位；

　　　H_2——吸水池内低水位；

　　　H_6——真空罐内高水位；

　　　H_7——水封罐内水封水位；

　　　H_8——水封管安装高度。

真空吊水罐内低水位H_4应高于水泵壳顶0.4m以上。水封抽气管的管口应经常在水面H_7以下。

c.自动排气阀：

为使吸水管和水泵排气充水，而又不使水进入真空罐，在水泵顶部垂直管段上安装一自动排气阀。其作用是保证气体通过，而防止水流流过。排气阀的构造如图3-21所示。水泵工作时，浮子2上升，钢球3将出气孔4堵塞，排气阀自动关闭。

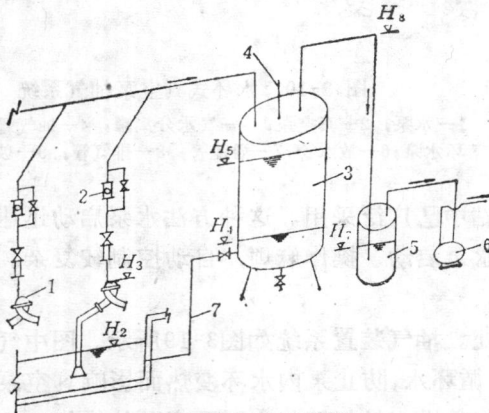

图 3-20　真空吊水抽气系统
1—水泵；2—自动排气阀；3—真空吊水罐；4—水位控制器；5—水封罐；6—真空泵；7—连通管

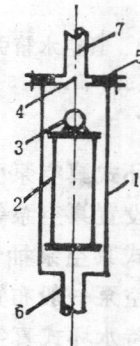

图 3-21　排气引水阀
1—阀体；2—浮子；3—钢球；4—出气孔；5—密封垫；6—接水泵；7—接真空泵

二、起重设备

为便于机组的起吊安装、检修，需设置起重设备。

1.常用的起重设备型式与构造

泵站内常用的起重设备有手动单轨葫芦；电动单轨葫芦；手动、电动悬挂起重机；手动、电动桥式吊车。构造分别如图3-22、3-23所示。

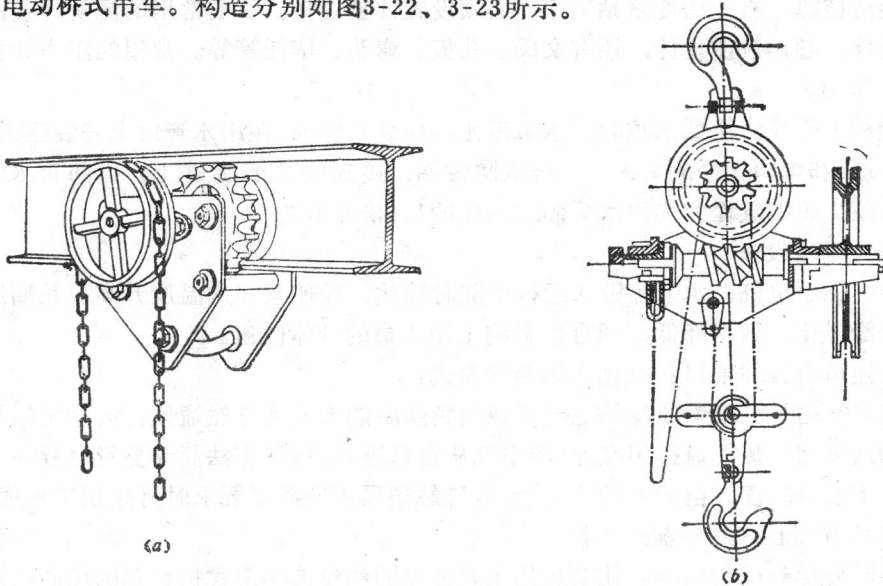

图 3-22　手动单轨吊车
（a）小车外形图；（b）起重葫芦

起重设备的选择　　　　　表 3-5

起重量　（t）	起重设备类型
小于0.5	移动吊架或固定吊钩
0.5～2.0	手动单轨吊车
2.0～5.0	手动桥式吊车
大于5.0	手动或电动桥式吊车

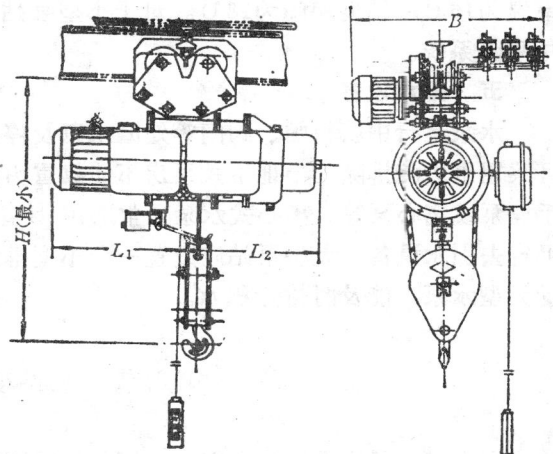

图 3-23　TV型电动葫芦外形

2.起重设备的选择

泵站内的起重设备应根据最大一台机组的重量，按表3-5的规定选用。

选择时还应根据泵房布置、泵房宽度、高度、操作及检修要求等确定。起吊高度大，吊运距离长，起吊次数频繁或机组双行排列的泵房，可适当提高起吊设备装备水平。

吊车的高度还应满足以下要求：

（1）吊起重物后，能在最高机组或设备顶上越过。

（2）在地下式泵站中，应能将重物吊至运出口。

（3）如果汽车能进入泵房中，应能将重物吊到汽车上。

深井泵房内的起重设备一般采用可拆卸的屋顶式三角架，检修时临时装在屋顶上，适用于手动葫芦起吊。

三、计量设备

为进行经济核算，有效调度泵站工作，必须设置计量设备。目前常用的流量计量设备有：电磁流量计，超声波流量计，还有文氏、孔板、弯头、毕托管等。常用的压力计量设备有真空表、压力表。

在水泵轴线高于吸水池低水位时，水泵吸水口应装真空表。在出水管口上安装压力表。压力传递管一般用6mm直径的紫铜管，绕成防震圈，接到压力表旋塞上，以防止水流直接冲击表针。压力表的量程宜选用水泵额定扬程的1.5倍左右。

四、通风与采暖设备

在泵站中，由于电机、水泵等设备运行中随时散热，致使泵房内温度升高，长期运行会造成电机绝缘老化，效率降低，同时也影响工作人员的身体健康。

泵房内的通风有自然通风和机械通风两种型式。

通过开窗靠室内外温度差使冷热空气交换达到降温的方式为自然通风。大型泵站是将电动机排出的热风用通风管道排出室外，冷空气从窗口进入。这种方法简单易行，经济实用。

当泵房地下部分较深或电动机功率较大，靠自然通风不能满足要求时可采用机械通风。常用的通风机械有离心式和轴流式风机。

泵房设计时应尽量减少西晒，使泵房的主要进风面和建筑物形式按有利的风向布置，并优先考虑自然通风。

在寒冷地区，泵房内应有采暖设备。采暖设计应充分利用电机散出的热量。自动化泵站：机械间内经常处于无人状态下室温为5℃；非自动化泵站，机械间内经常有人状态下室温为16℃，辅助房间为18℃。对于小型泵站可以采用简易火炉取暖，大型泵站可采用集中采暖系统。

五、排水设备

水泵运行中填料函、阀门等处漏水以及停泵检修时放空会造成泵房积水。地面式泵房可采用重力流排除；半地下式泵房不能靠重力流时应设排水设备。排水设备可选用水射器、手摇泵或离心泵等。离心式水泵通常选用IS型为多，也可采用小型立式农排泵，潜水泵，可省去引水设备。大型泵站应设置一台小型排水泵和一台较大型排水泵，以保证检修时启动大型水泵，能及时排除积水。

第六节　泵站变电站的布置

变电站一般由高压配电室、变压器、低压配电室及其辅助建筑物组成。如图3-24所示。

一、变电站的布置要求

二泵站一般为水厂的用电负荷中心，故常将变电站靠近二泵站布置，或与二泵站的布置统一考虑；变电站的布置有户外式、半户内式、全户内式，应根据电源电压、供电容量、电源回路数等条件进行选择；变电站中所有电器设备的设计应按《电器安装设计规范》的有关规定执行。室内式布置形式如图3-25所示。

二、变压器室的尺寸确定

1.变压器室的最小平面尺寸

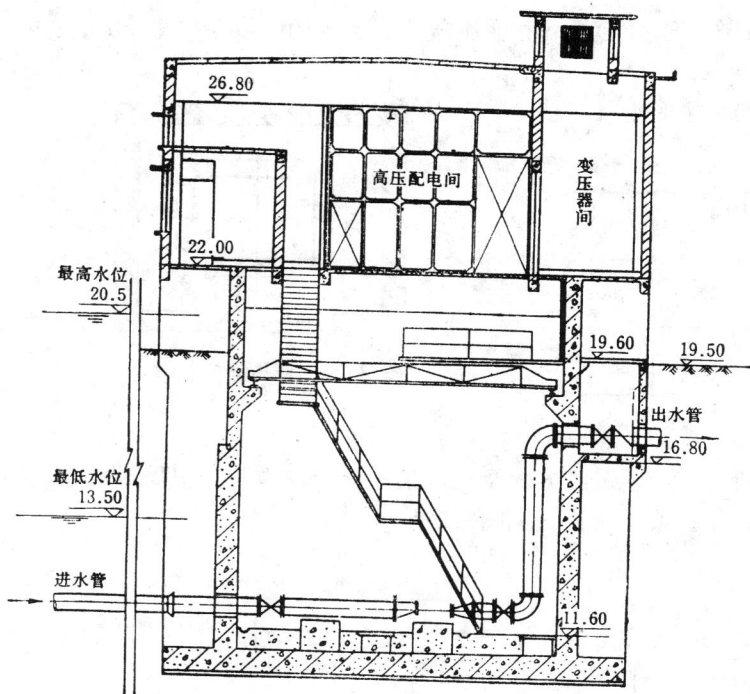

26.80

高压配电间

变压器间

22.00

最高水位
20.5

19.60

19.50

出水管
16.80

最低水位
13.50

进水管

11.60

I—I

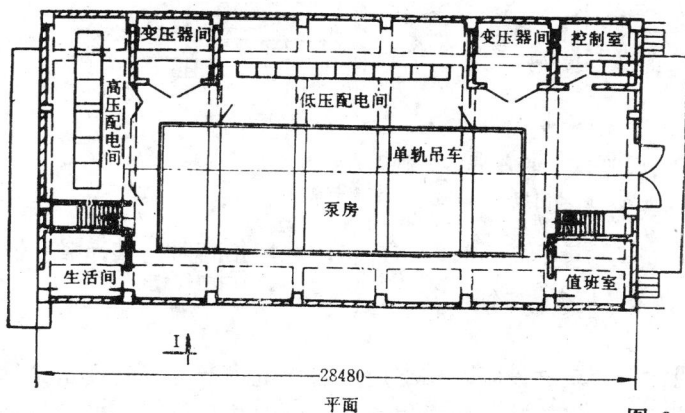

变压器间 控制室

变压器间

高压配电间

低压配电间

单轨吊车

泵房

生活间

值班室

28480

平面

图 3-24 取水泵房变配电间布置

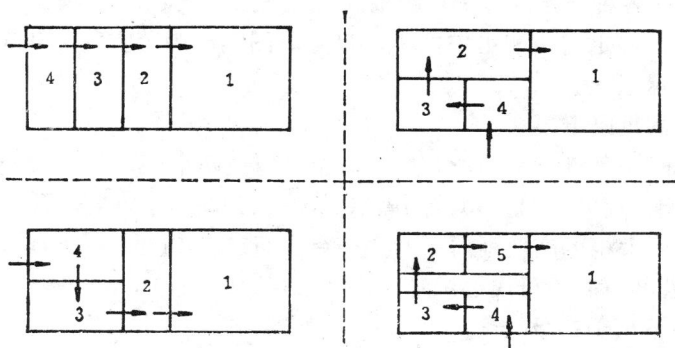

图 3-25 变电站与泵房的组合
布置

1—水泵间；2—低压配电室；3—变
压器室；4—高压配电室；5—控制
与值班室

变压器室的最小尺寸根据变压器外形尺寸和变压器外廓至四周的最小距离确定，按表3-6规定选用（对照图3-26）。

变压器外廓与四周墙壁的最小间距

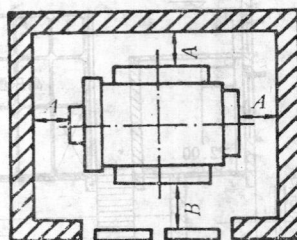
图 3-26 变压器室尺寸

变压器布置间距　　　　　表 3-6

变压器容量(kVA)	320以下	400～1000	1250以上
至后壁和侧壁净距 A(m)	0.6	0.6	0.6
至大门净距 B(m)	0.6	0.6	1.0

2.变压器室的净高和地坪

变压器室的净高与变压器的高度、进线方式及通风条件等因素有关。根据通风方式的要求，变压器室的地坪有抬高和不抬高两种。见图3-27。

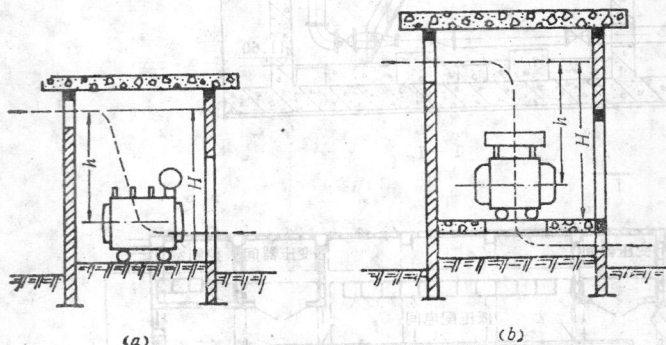
图 3-27 变压器室的通风方式
(a)门下进风，后墙出风；(b)地下进风，后墙出风

变压器室房高：地坪不抬高时，其净高为3.5～4.8m；地坪抬高时，其净高为4.8～5、7m。抬高高度有0.8m、1.0m及1.2m三种。

三、高压配电室的布置

高压配电室的配电装置通常采用成套设备，由专门厂家成批生产。成套设备又称"开关柜"，它是开关电器、测量仪表、保护装置和操作机构等设备装在封闭或半封闭的金属柜中。用户可按照设计的主结线选用各种电路的开关柜组成配电装置。按开关柜台数、外形尺寸和维护操作通道的最小宽度，确定高压配电室的平面尺寸。图3-28为装有GG-1A型高压开关柜的配电室最小尺寸的示意图。

设计高压配电室时，建筑上应满足以下要求：

（1）高压配电室长度＜7m时，可设一个门；长度＞7m时应设两个门；一般大门宽1.5m，门高取2.5～2.8m；小门宽度0.9～1.0m，门高取2.0～2.3m；门应向外开。

（2）高压配电室的房高应由开关柜的高度距顶棚的安全净度而定。对于GG-1A型开关柜，一般为4.0m；当双排布置并有高压母线过桥时，房高采用4.6～5.0m。

（3）高压配电室的耐火等级不小于二级。

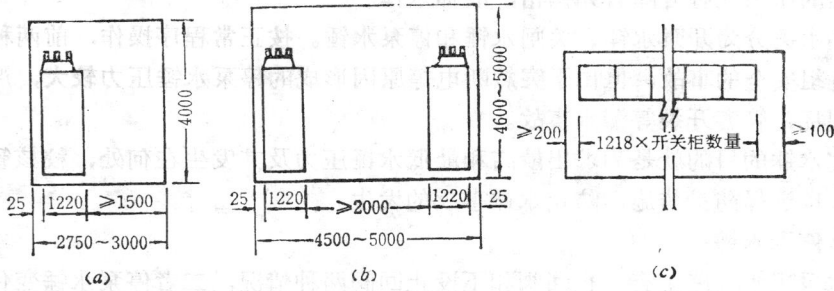

图 3-28 GG-1A型开关柜最小布置尺寸

(a)单列式; (b)双列式; (c)开关柜平面布置

（4）高压配电室内不应有与配电室装置无关的管道通过。

四、低压配电室的布置

低压配电室一般采用低压配电屏装置，每台配电屏可组成一条或多条电路。

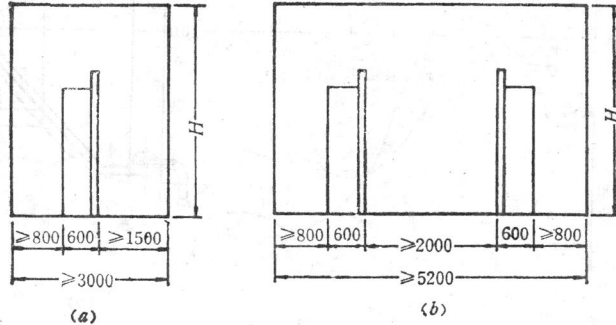

图 3-29 低压配电室布置参考尺寸

(a)单列式; (b)双列式

低压配电屏的参考布置尺寸见图3-29（a），并说明如下：

1.配电室的长度由低压配电屏的宽度和台数而定。低压室内净长＞屏宽×单列屏数＋2×600mm；600mm为屏边两端离墙的维护通道宽度。

2.低压配电室长度小于6m时，可设一个门；长度为6～15m时，两边各设一个门；超过15m中间应增加一个出入口。当通道宽度大于3m时，不受上述限制。一般门宽为1～1.2m。门高2.0～2.3m。

3.低压配电室的尺寸是由低压屏长度以及维护、操作通道的宽度而定的。图3-29(b)的尺寸是按双面维护，离墙安装，屏前操作，屏后检修而设计的。是一种较为广泛采用的布置形式。

第七节 泵站水锤及防护措施

在泵站出水管，当水流速度由于外界原因（如关闸、停泵等）突然改变，将引起水流动量的急剧变化，在管道中水流将产生一个相应的冲击力，该力作用在管壁和水泵部件上，急剧的压力交替升降有如锤击，故称水锤。

泵站水锤分为开泵水锤、关闸水锤和停泵水锤。按正常程序操作，前两种水锤不会引起危及机组安全的事故。但由于突然断电等原因形成的停泵水锤压力较大，严重时造成机组部件损坏，管道开裂等漏水事故。

研究水锤的目的就是为求出最高和最低水锤压力及其发生在何处，校核管路和设备的强度，合理选择防护措施，防止水锤事故的发生。

一、停泵水锤

在水泵出水管路上有设止回阀和不设止回阀两种情况，二者停泵水锤变化过程不同。

1.出水管上无止回阀时

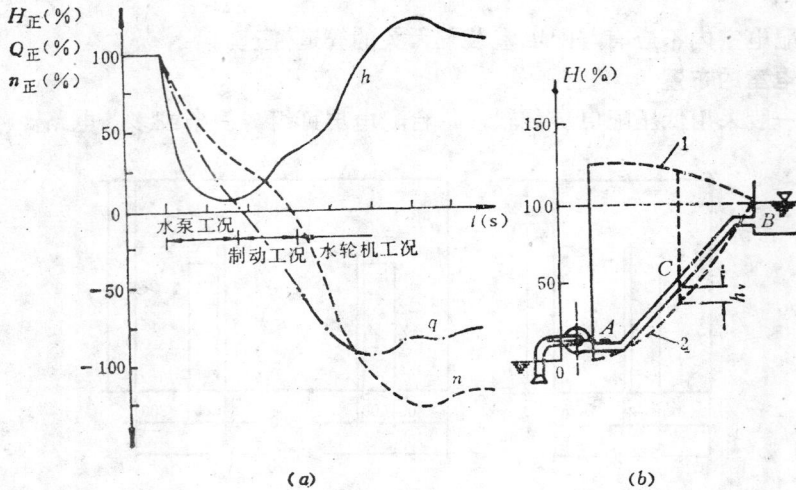

图 3-30 无止回阀时水锤过程

(a)水泵的压力、流量、转数过渡过程线；(b)管道沿程最高最低压力线

1—最高压力线；2—最低压力线

（1）水泵工况（水泵正转，水正流）：水泵突然失电，水泵转数逐渐降低，管内压力迅速下降，流量减少，直至流量变为零止。此阶段称为"水泵工况"。

（2）制动工况（水泵正转，水倒流）：水流停止正向流动，瞬时静态的水受重力和静水头的作用开始倒流。倒流的水体对仍在正转的水泵叶轮起制动作用，使水泵转数下降，直至为零。由于水流受到正转叶轮的阻碍，管中压力开始回升。此阶段称"制动工况"。

如果机组惯性很小，在反向水流到达水泵前，水泵已停止转动就不存在制动工况。

（3）水轮机工况（水泵反转，水倒流）：随倒泄水流的加快，水泵开始反转并逐渐加速，由于静水头作用力的恢复，泵内水压也不断升高，泵内压力迅速达到最大值，相应的转数也达到最大值。最后在出水池静水头作用下，机组以恒定的反转数和流量稳定运行。此阶段称"水轮机工况"。

2.出水管上设止回阀时

图3-31为水泵出口处设有止回阀的抽水系统。停泵后，止回阀很快关闭，因而引起很大的压力变化。由图中看出：止回阀A处的最高水锤压力为190%，其增加90%；最大降

压也为90%。这种突然升高的带有冲击性的压力能击毁管路和设备，会造成停泵水锤事故。

3.拉断水柱水锤的情况

水锤发生时，当水锤压力的负压低于该温度下水的汽化压力时，会产生汽化现象，水柱被拉断。当水锤正压波到来时，两侧水流同时对流而相碰撞，瞬间压力骤然上升到几十个大气压，可能破坏管道和设备，造成不同程度的水锤事故。

二、停泵水锤的防护措施

1.防止水柱分离的措施

（1）进行泵站出水管路设计时，应尽量降低管中流速；

（2）管路敷设时应尽量避免局部突起，防止负压过大而引起水柱分离；

（3）在管路可能产生水柱分离处设置充水箱，当产生停泵水锤使管内压力降低时，水箱水补入管路，以避免管道中压降过大而造成水柱分离。

2.防止增压过高的措施

（1）设水锤消除器

水锤消除器是具有一定泄水能力的安全阀（如图3-32为下开式水锤消除器构造），是根据水锤特性设计制造的。它主要由阀体、杠杆、重锤及分水锥等组成。水锤消除器安装在止回阀出水侧。

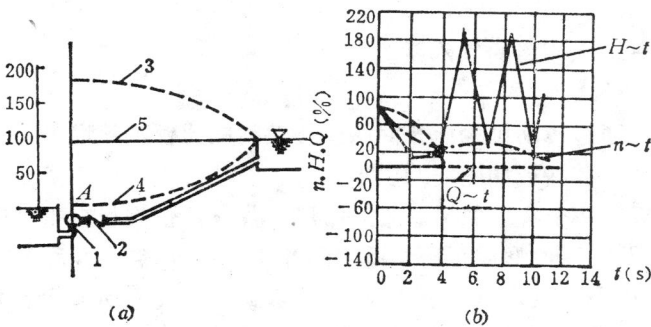

图 3-31 有止回阀停泵水锤过程
（a）泵站管道纵断图；（b）停泵水锤过程
1—水泵；2—止回阀；3—最高压力线；4—最低压力线；
5—正常压力线（不计阻力损失）

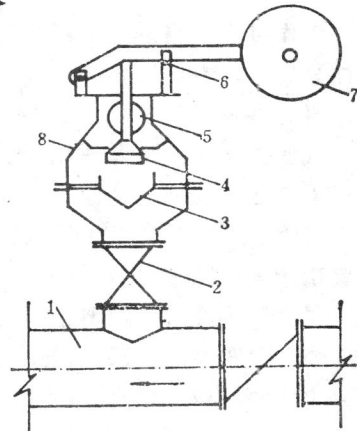

图 3-32 下开式水锤消除器
1—主管路；2—闸阀；3—分水锥；4—阀板；
5—排水口；6—横销；7—重锤；8—阀体

工作过程：管路正常工作时，管内水流作用在阀板4上的压力大于阀体自重和重锤7的下压力，阀板与阀体密合，消除器处于关闭状态。当事故停泵时，管内水流压力下降，在重锤的作用下，阀板迅速下落到分水锥3内，消除器打开，当回冲水流到达时，部分水流从消除器排水口5放出，减少了水锤压力。

下开式水锤消除器结构简单，动作可靠，开启迅速，但消除器打开后不能自动复位，而且要耗费部分水量。它适用于消除泵站输水管因突然停电所产生的由降压开始的水锤。

（2）气囊式水锤消除器

图3-33为其工作示意图。该消除器是根据气体体积与压力成反比的原理设计的。它安装在水泵出口处止回阀后或安装在水柱分离点附近。

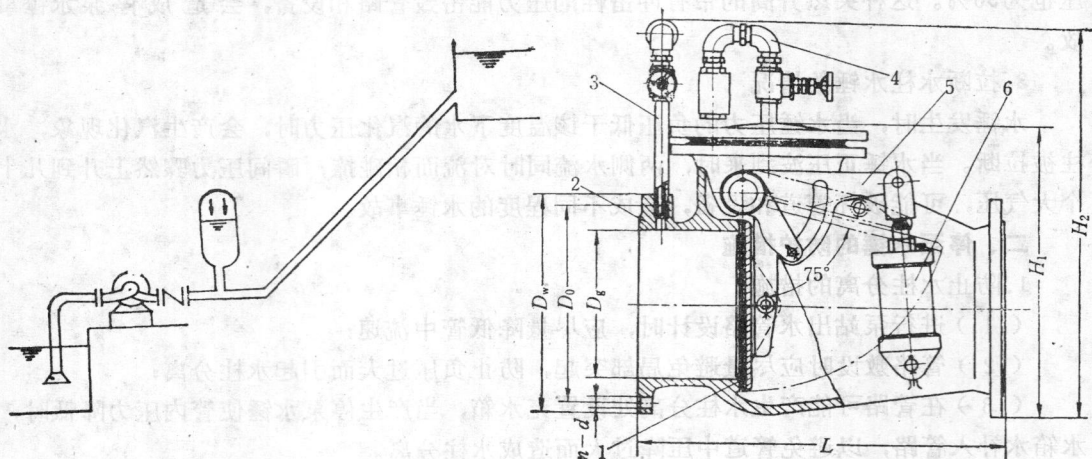

图 3-33 气囊式水锤消除器

图 3-34 HB-Ⅰ型缓闭止回阀

1—阀板; 2—阀体; 3—阀前补气装置; 4—阀后补气装置; 5—扇形臂和连杆; 6—油阻尼器

工作过程：当发生水锤时，管内压力升高，空气被压缩；当管内出现负压，甚至发生水柱分离时，它向管内补水，利用这个充满可压缩气体的气囊有效地抑制或消除停泵水锤的危害。

气囊式水锤消除器适用于长距离输水管路的供水系统中。

（3）设缓闭止回阀

缓闭止回阀是在发生事故停泵时通过传动机构让止回阀缓慢关闭的水锤消除设备。它主要由阀体、阀板、缓闭机构等组成。其构造如图3-34所示。

在事故停泵时，缓闭止回阀阀板分两个阶段关闭。第一阶段：停泵后借阀板自重关闭大部分，一般为70～75％，剩余部分开启度使形成正压水锤的回冲水流通过，经水泵和吸水管回流，以减少水锤的正压力；同时由于阀板开启度小，防止了输水管的水大量回流和水泵倒转过快。第二阶段：借助阻尼器的作用将剩余部分缓慢关闭，以免发生过大的关闭水锤。

缓闭止回阀目前在国内已成批生产并已普遍采用，是一种较为理想的水锤消除设备。

第八节 水泵机组的安装

水泵机组安装的质量直接关系到机组的安全运行和使用寿命。因此必须精心安装。安装工作包括水泵、电动机、管路和附件的安装，安装顺序是先水泵、后电动机，最后连接管路和附件。

一、准备工作

机组安装前必须详细核实安装的平面位置与竖向标高，进出管穿墙孔预留位置等是否正确，如发现问题及时解决。

机组在运输和存放过程中，有关部件可能受到损坏，泵内可能落入杂物，电动机可能受潮。为了保证机组安装质量，安装前应对泵和电机解体检查，清洗干净，重新组装。

二、基础的施工

水泵基础必须稳固，标高、尺寸准确，一般离心泵安装在混凝土独立基础上；中、小型轴流泵安装在钢筋混凝土梁上。基础混凝土强度一般采用C15。

1.基础尺寸

混凝土基础有足够的平面尺寸，对于大型水泵及电动机必需进行结构计算，对于分离式的中小型水泵，基础尺寸可按水泵及电动机样本安装尺寸所提供的数据确定，如无资料时，按下列尺寸确定：

（1）带底座的小型水泵：

基础长度 L ＝底座长度 L_1 ＋(0.20～0.30)m

基础宽度 B ＝底座螺孔间距（在宽度方向上）＋0.30m

基础高度 H ＝底座地脚螺栓埋入长度 h 螺 ＋(0.10～0.15)m。

（2）无底座的大、中型水泵：

基础长度 L ＝水泵和电动机最外端螺孔间距 L_1 ＋(0.4～0.6)m；并长于水泵和电机总长。

基础宽度 B ＝水泵和电动机最外端螺孔间距（取其宽者） B_1 ＋(0.4～0.6)m。

基础高度 H ＝地脚螺栓埋入长度 h ＋(0.10＋0.15)m。

基础高度还需满足：基础重量＞2.5～4.5机组（水泵机及电动机）重量。此外，基础高度应不小于500～700mm。基础顶面应高出室内地坪约100～200mm。

若水泵样本中不带底座时，为便于安装和连接牢固，应自行设计底座。

2.基础的施工：

机组底座地脚螺栓的固定分一次灌筑法和二次灌筑法。

二次灌筑法浇筑基础时，在基础中需预留地脚螺栓孔，待机组就位和上好螺栓后，在向预留孔浇筑混凝土，使地脚螺栓固结在基础内。这种方法的缺点：分两次浇筑，前后凝固的混凝土有时结合的不好，影响地脚螺栓的牢固性。

一次浇筑法就是在浇筑混凝土前，把地脚螺栓预先固定在模型架上，在浇筑基础时不预留螺栓孔，而是一次浇成，将地脚螺栓固结在基础内。其方法如图3-35。这种方法如果螺栓固定不正或浇筑时螺栓移位，将给机组安装带来困难。

在中小型机组安装中，为了避免上述缺点，采用强度较高的耐火砖垫在底座四角，找平找正后放好地脚螺栓，支好模板，一次浇筑成功。

为了使基础表面平整，便于机组的安装和调平找正。常用座浆法在基础表面或地脚螺栓处埋设钢制垫板，垫板顶面的高程要符合基础表面的设计高程，允许误差不超过1mm，

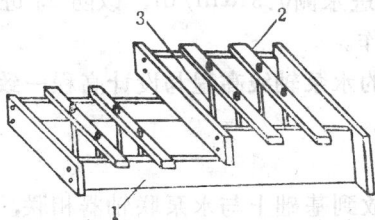

图 3-35　一次浇筑地脚螺栓固定法

1—基础横板；2—横木；3—地脚螺栓

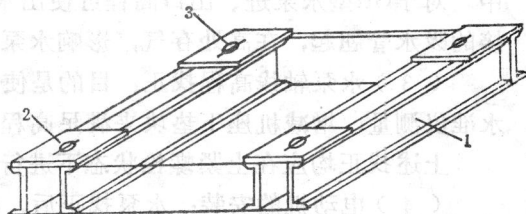

图 3-36　钢制整体式底座

1—槽钢制底座；2—表面光洁垫铁；3—螺栓孔

且各垫板顶面要互相成水平误差不允许超过0.2mm/m。同时，电动机基础表面的垫板与基础表面的垫板高差应控制在此0.5～1.0mm内，否则水泵与电动机基础表面高差过大，将给机组轴线的同心安装带来困难。

大型水泵与电动机不带机座，由设计单位自行设计用槽钢制成整体式底座，如图3-36所示。在浇筑混凝土基础时用一次浇筑法或二次浇筑法将钢制底座稳好在水泵和电动机的设计标高和位置上。其安装误差与上述垫板法相同。钢制整体式底座的优点是底座与混凝土结合牢固整体性好，底座地脚螺栓孔接触表面经过刨床加工，误差较小。

三、机组的安装

1.卧式离心水泵的安装

基础和底座安装好以后，先将水泵吊放到基础上，使水泵机座上的螺栓孔对准基础上的螺栓，然后调整水泵使其纵横中心线，高程满足设计要求。具体作法如下：

（1）水泵纵横中心线找正：在安装前按设计要求位置定好纵向和横向中心，然后挂上小线，用铅锤向下吊垂线，摆动水泵，使水泵纵横中心分别与垂线吻合。也可预先将纵横线，划在基础上，从水泵进出口中心和泵轴心向下吊线，调整水泵使垂线和基础上标记的中心线吻合。如图3-37所示。

（2）水平找正：调整水泵，使其成水平。常用方法有吊垂线或用精密度为0.25mm/m的方水平来找平，如图3-38所示。

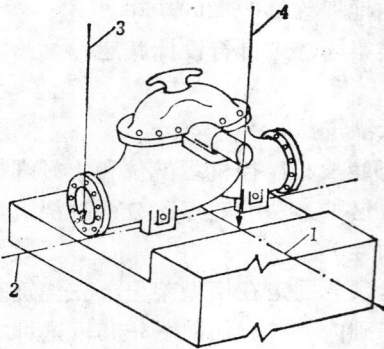

图 3-37　水泵纵横中心找正法　　　　图 3-38　用垂线或方水平找平

1、2—纵横中心线；3—水泵进、出口中心；4—泵轴中心　　　　1—垂线；2—方水平

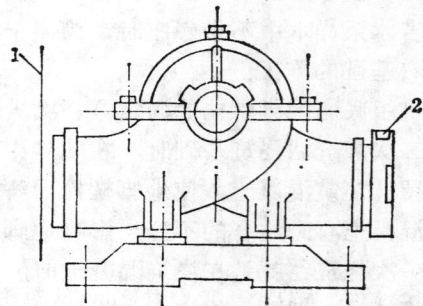

吊垂线方法，是从水泵的进出口向下吊垂线，或者将方水平紧靠进出口法兰表面，调整机座下的垫铁，使水泵进、出口法兰表面上下至垂线的距离相等；或使方水平的气泡居中。对于Sh型水泵进、出口高程可使出水侧略高于进水侧0.3mm/m，以防与进水侧相接的吸水管翘起，在高处存气，影响水泵的正常工作。

（3）水泵轴线高程找正：目的是使实际安装的水泵轴线高程与设计高程一致。常用水准仪测量，增减机座下垫块来满足高程上的要求。

上述找正均应在上紧螺栓状态下进行。

（4）电动机的安装：水泵找正后，将电机吊放到基础上与水泵联轴器相联，调整电动机使两者联轴器的径向间隙和横向间隙相等，达到两个联轴器同心且两端面平行，否则会使轴承发热或机组振动，影响正常运行。大型机组对正时应考虑电动机升温时温度影响值。

轴向间隙一般应大于两轴的窜动量之和，其值可参考下列数据：

小型水泵（300mm以下）机组的轴向间隙为2～4mm；

中型水泵（300～500mm以下）机组的轴向间隙为4～6mm；

大型水泵（500mm以上）机组的轴向间隙为4～8mm。

通常在已装好的联轴器上，用量角尺初找。要求安装精度高的大型机组，在联轴器上固定两只百分表，转动两联轴器0°，90°，180°，270°，同时读出百分表径向和轴向的间隙值。要求径向允许误差小于0.05～0.1mm；轴向允许误差小于0.1～0.2mm。否则，在电动机底座下加减垫片或左右摆动电动机位置，使其满足上述要求。其百分表测定装置见图3-39所示。

2.深井泵机组的安装

深井泵安装前先对扬水管和泵轴进行调直，防止运行时产生震动。

深井泵的安装分为井下和井上两部分进行。

（1）井下部分的安装 先装滤水管（进水部分），为了便于吊装，在滤水管顶部装上夹板，套上钢丝绳，把滤水管吊放入井中。如果滤水管较短可直接装在泵体上，与泵体一次吊装。基础面上放两根方垫木，使夹板两翼落在垫木上，去掉钢丝绳。用另一副夹板卡在水泵体出水侧，将水泵体吊在井口上，使水泵进水口与滤水管口对准。用手转动泵体旋入滤水管口，使用链条钳上紧。取下滤水管上的夹板，继续将水泵体放入井中至另一夹板搁在垫木上为止。安装上一节水泵传动轴、轴承支架和扬水管，装好后上好夹板放入井中，然后一节一节的安装直至井口为止。其安装过程如图3-40所示。

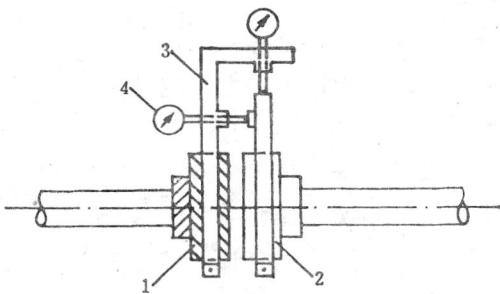

图 3-39 用百分表测定间隙装置

1—水泵联轴器；2—电动机联轴器；3—支架；4—百分表

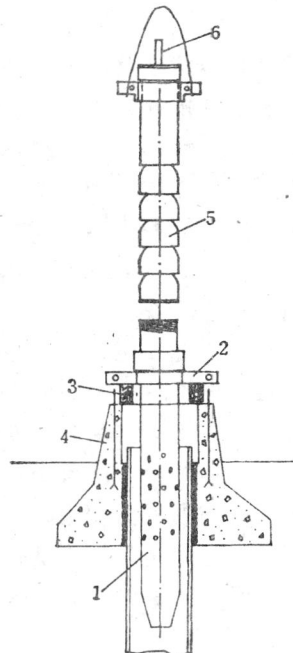

图 3-40 水泵体安装示意图

1—水泵进水滤管；2—夹板；3—垫木；4—基础；
5—水泵；6—泵轴

（2）井上部分安装 包括深井泵座、联轴器和电动机的安装。

将泵座吊起放到深井扬水管上方且穿过泵轴。泵座的出水口一侧重量偏大要防止倾斜。松动起吊设备使电动机轴穿过泵座填料函轴孔，下降至扬水管法兰，垫好纸垫并在表面涂上黄油，穿入螺栓，均匀对称拧紧。切勿单边上紧，防止倾斜。然后吊起泵座，检查扬水管是否处于井管正中，不正时应调整。去掉夹板，抽出方木，缓慢下降至泵座下沿与基础平面相接触为止。测量泵座下沿四周的缝隙，若不均匀一致，在空隙较大的基础螺栓两侧，塞下垫片，使得泵座与井管中心相垂直。深井泵座校正后随即拧紧四周地脚螺栓。

在填料函中分断填入浸油石墨石棉绳，填满后套上压盖并旋紧，等试车时视漏水情况再次调整。

将配套电动机吊起，对准泵座缓慢下降，使电动机轴穿入电机空心轴，使电动机落在泵座上，拧紧地脚螺栓。检查电机轴是否正直。若轴正直则安装完毕。

加满润滑油，接通电源试试转向，正确转向应是逆时针方向。

深井泵全部安装完毕，应立即抹平基础，安装出水管附件和管路。如暂时不安装出水管，水泵出口要封闭好，防止杂物进入水泵体内。

第九节　给水泵站的构造特点

一、一级泵站

一级泵站取用地表水时，由于水源水位变化较大，泵站一般建成地下式或半地下式，往往与取水头部、进水间合建。在结构上要求承受水压和土压，以抵抗倾斜和滑移。墙体和底板要求不渗水。泵房墙体的水下部分采用钢筋混凝土结构，地上部分采用砖混结构。泵房底板采用整体钢筋混凝土并与水泵机组的基础浇成一体。为减小泵房平面尺寸多采用立式水泵，配电设备可放在上层平台上，以充分利用泵房空间，降低土建部分造价。出水管路上的附件，如阀门、止回阀、水锤消除器、流量计等布置在泵房外的窨井内，这样可以减少泵房面积，当附件损坏时，不致淹没泵房。

一级泵站抽升的多为源水，水中杂质较多，因此，一般需要另外接入自来水作为水泵的水封用水。

地下式泵站应设坡度为1：1的扶梯，扶梯宽度采用0.8～1.2m，每两平台间踏步数应少于20级。泵站室内地面应有1%的坡度，坡向排水沟。

地下式泵站扩建时有一定困难，通常是土建一次建成，设备分期安装。

泵站大门，应比室内最大设备外形尺寸大250mm。为保证泵房内有良好的照明和通风条件，要尽可能多开窗。窗口面积常为地面面积的1/4～1/7。

泵站内电机周围温度超过35℃，靠自然通风不能满足要求时，首先采用将电机排出的热风直接用风道引出室外的方法，仍不能满足要求时，再采用机械通风。

在严寒地区，泵房内应有采暖设备。机械间内有人值班其室内温度不低于16℃。无人值班室温不低于5℃。

二、二级泵站

二级泵站是从清水池中抽水送入城市管网。为适应城市管网用水量变化的需要，往往机组台数较多，占地面积较大，并常与变配电室合建。二级泵站一般建成地面式或半地下式。

二级泵站由于机组台数多，附属的电气设备及电缆也较多。为合理布置这些设备与线路，在泵站工艺设计时，要综合考虑土建和配电的要求。

二级泵站属于一般的工业建筑，大、中型泵站多采用框架结构，小型泵站采用砖混结构。其特殊要求是防渗、防水性能要好，采光和通风条件要好。机组运行时，由于震动发出很大噪声，影响工人健康，为此，应保证机组的安装质量，以减小噪声的强度。若超过环保要求，应采取消音措施，简易办法是在基础周围挖100mm宽与基础同深的沟，中间填满木屑或膨胀珍珠岩。这种方法效果较好。在管道穿墙处采用柔性穿墙套管也可减少噪声的传播。

泵房设计还应考虑抗震和人防要求。从抗震角度出发，泵房设计最好为地下式或半地下式的构筑物。

泵站内还应设水位指示器，反映水池和管网水压变化，到警戒水位时，便可自动发出灯光或音响信号。

三、深井泵站（水源井）

在取用地下水时，一般选用深井泵或潜水泵作为抽水设备。深井泵站中一般机组和管路布置较为简单，平面尺寸较小。

深井泵房按形状分为圆形和矩形；按相对地面位置可分为地面式和半地下式。

深井泵房辅助设备除有电气、起吊装置、排水设施外，根据工艺要求还要设有除砂器、排水口以及消毒设备等。

深井泵房一般为砖混结构，地下部分埋深较大且有地下水时应采用钢筋混凝土结构，地上部分采用砖结构。地上部分房高一般为3.0～3.5m，若不能满足深井泵安装和检修起吊高度，可在屋顶开一吊装孔，其屋顶设计应满足起吊最大重量的要求。

尽可能采用半地下式泵房，可减轻地震破坏程度，保证供水安全。

四、泵站噪声及其防治

泵站中的电动机、水泵和管件运行时，在电磁、机械和空气动力的作用下，会产生噪声。其中以电动机转子高速旋转时，引起与定子间的空气震动而发出的高频声响为最大。噪声使人心神不安、注意力分散、工作效率下降，过大的噪声还会损害人体健康。

防止噪声最彻底的办法是对发声体进行改造，使其不发声或减少发声，但是，直接从发声体上治理噪声往往较困难。目前，多是采用消音、吸音、隔音、隔震控制技术。

1. 消声

消声工程上通常采用消声器。将消声器安装在空气通道上，消除空气动力性噪声。是降低空气压缩机房噪声的重要技术措施。泵站内的消声可用在单体电机上，如可选用国内已生产的水冷式消声电动机，消除电机内空气动力性噪声方面效果较好。

2. 吸声

吸声是用吸声材料或悬挂空间吸声体，噪声被吸掉一部分，泵站内的噪声就会得到降低。

吸声材料多为多孔性材料，如泡沫塑料、矿渣棉、玻璃棉、石棉绒、加气混凝土、木丝板等。因为吸声材料均为松软或多孔性物质，当声波进入孔隙，引起空气和吸声材料的细小纤维的震动，由于摩擦和粘滞阻力，使一部分声能转化为热能被吸收掉。

实际应用中，需将疏松多孔吸声材料用透气物包装好，外表面用铅丝网、钢板网罩面，或设计成一种共振吸声结构，其效果更好。

3. 隔声

隔声是用隔声材料将泵站内的机组与值班人员隔离。隔声材料与吸声材料相反，多采

変圧器

31.11

30.74　30.72

2680　1420

25.72
24.72

钢制平台

电气设备

+4500

21.60
21.00

20.00　Dg 800

吊架

17.60

16.11

Dg 630

14.95

16.50
14.70

Dg 1020

13.40

13.40

300×150 排水沟

11400

I—I

300×150 排水沟　400深集水井

水位计

吸水井

3940

D=1200

D=1600　D=1200

2700

11400

2700

D=1600　D=1200

11400

D=1600　D=1200

2700

1890

2700

2710

2060

1700　1000　3000　3000

4700　6700

11400

平面

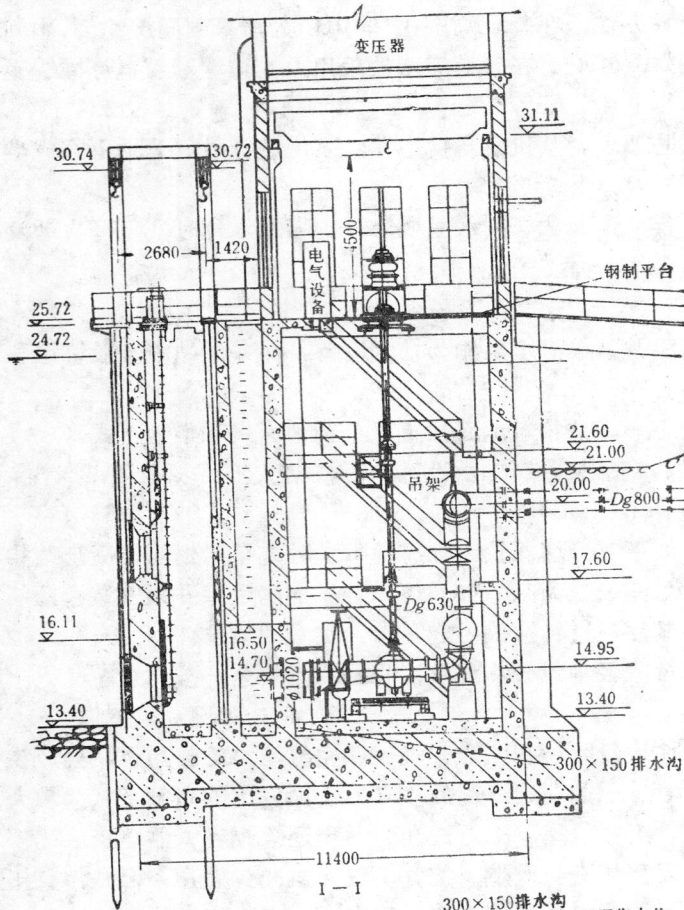

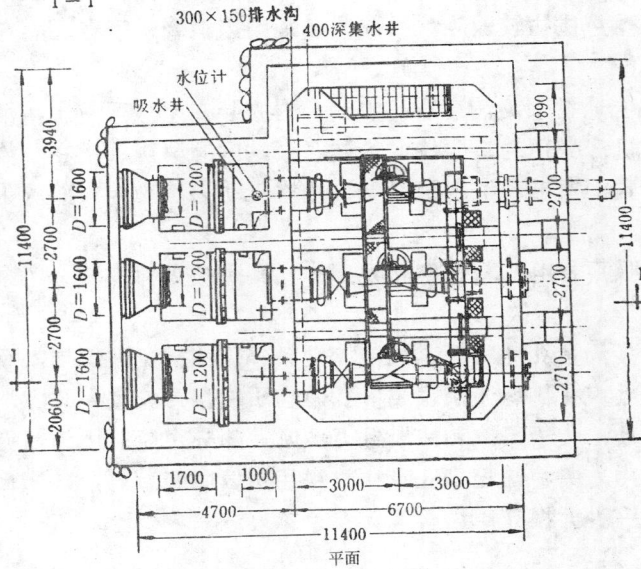

图 3-41　安装SLA立式离心泵的取水泵房

94

用结构密实的材料，如钢筋混凝土、砖墙等。

实际泵站设计中，常将值班人员置于隔声良好的控制室内，与机械间隔开，保障值班人员有一个良好的工作环境，免受噪声的危害。

4.隔振

隔振是在机组下安装减振器，在管路上安装伸缩节或可弯曲的橡胶接头，使振动不致传递给基础、地板、墙体以弹性波的形式沿结构物出现固体噪声。

第十节 给水泵站布置示例

一、一级泵站（取水泵站）

图3-41示为某电厂采用立式水泵的地下式取水泵站。泵站由格栅间、机械间和栈桥等部分组成。机械间竖向布置，包括电动机及控制室、水泵室和中间操作管路室三层。

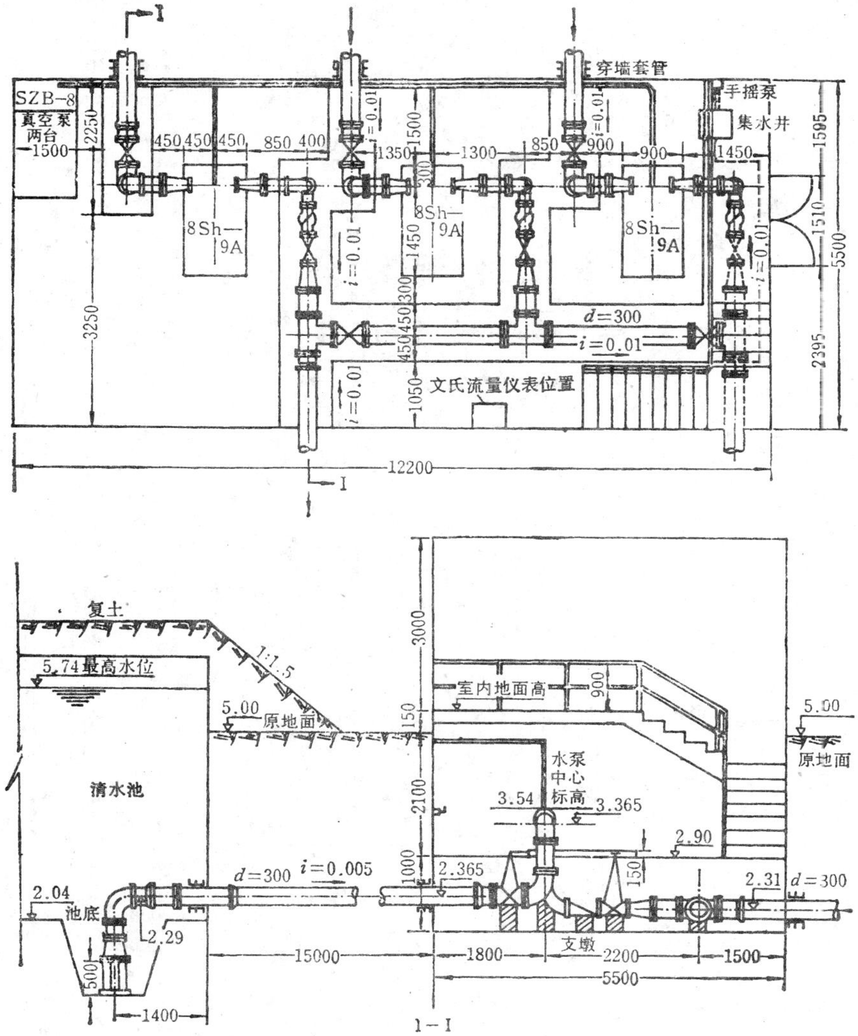

图 3-42 安装卧式水泵的半地下式泵房

泵房内安装四台源江36-23型水泵,出水流量为7m/s,起重量为10T桥式吊车一台。采用抽风式通风,抽风管与电动机壳排风口连接。水泵进出管路上各设阀门一个,出水管的止回阀和阀门设在专用井中。

二、二级泵站（送水泵站）

图3-42所示为三台8Sh-9A型卧式离心水泵,泵站采用半地下式。每台泵设有单独吸水管路,出水管设有止回阀和阀门。机组采用轴线平行单列布置,进出水管均敷设在管沟中,沟上铺钢制盖板。地面积水流向管沟汇集到集水坑,然后由排水泵定期排除,泵房内设置真空抽气系统选用SZB-8型真空泵两台。泵房右侧设置一个大门,左侧设置一个 小门

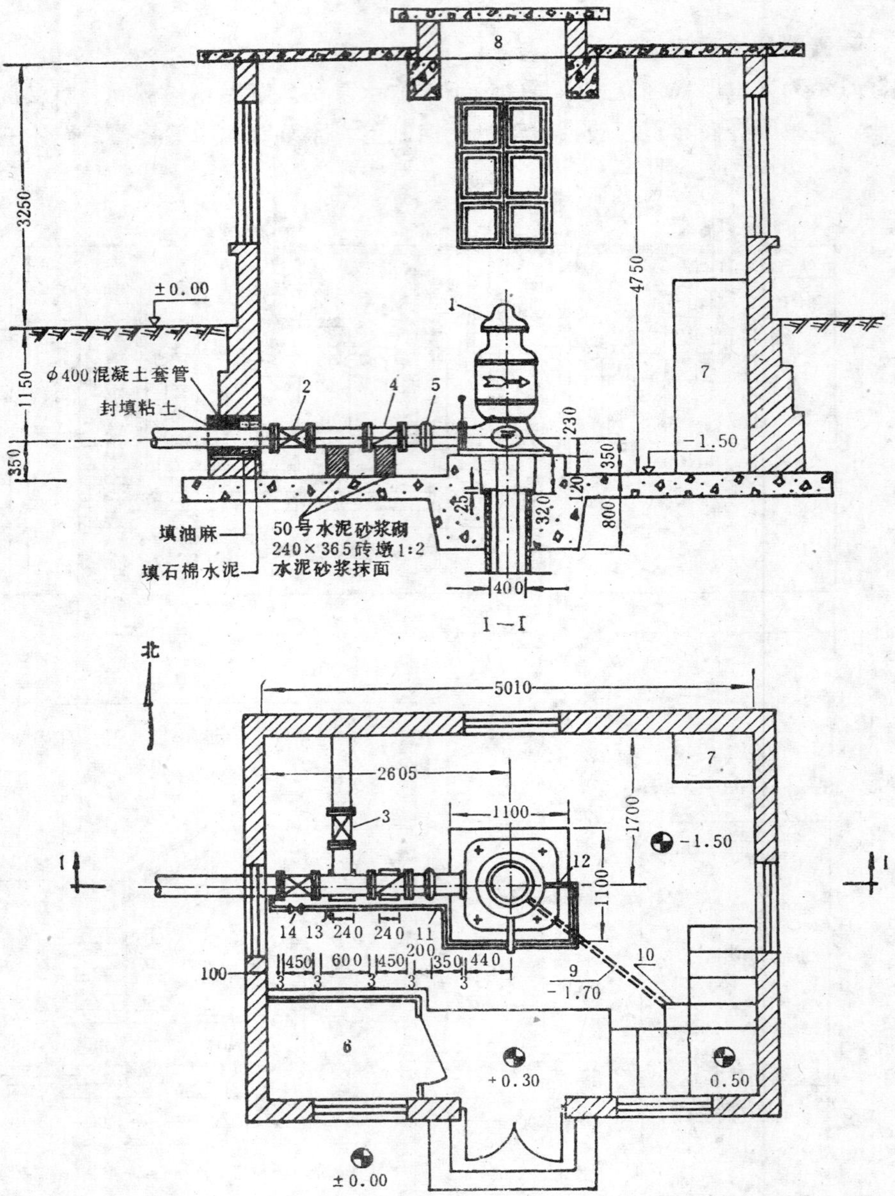

图 3-43 深井泵房

与值班室和配电室相通。

三、深井泵站

图3-43所示为JD型深井泵站图。在出水管上设阀门2，止回阀4，为了便于拆卸和安装管路，安装一个柔性接口5，在阀门2前引出一根水管11与深井泵的预润孔相接，供橡胶轴承润滑。同时，在管路11上接一放水嘴13（取水样）和截门14，在出水管路上接一个三通连接支管3，作为排砂管路。当出水不合格时也可作为放水口。

泵房进口左侧平台上设消毒间6。泵站内设置了低压配电盘7。

泵房顶开有天窗8，供安装、检修机组时架设临时吊装设备。

深井泵填料函的漏水，经水管9排至集水坑10，定期将水排除。

第十一节　给水泵站工艺设计举例

一、设计资料

某水厂新建送水泵站一座，最高日用水量为28000m/d，给水设计中拟定送水泵站供水曲线为二级：一级供水占日用水量的3.9%，水泵扬程为42m；二级供水占日用水量的5.1%，水泵扬程为48.5m（水泵扬程已包括选泵安全水压2.0m和暂估泵站内水头损失$\Sigma h=2.0$m）。泵站室外地面标高5.00m，吸水池最高水位标高5.24m，最低水位标高2.24m，吸水池距泵站距离为5m，试设计该送水泵站。

二、机组的选择

1.选泵参数的确定

一级供水时：

设计流量　　　　　　$Q = \dfrac{28000 \times 0.039 \times 1000}{3600} = 303.3 \text{L/s}$

设计扬程　　　　　　$H = 42\text{m}$

二级供水时：

设计流量　　　　　　$Q = \dfrac{28000 \times 0.051 \times 1000}{3600} = 397.0 \text{L/s}$

设计扬程　　　　　　$H = 48.5\text{m}$

2.选泵

该泵站用于抽升清水，水池水位距地面相差较小，而且水位变化不大。依据选泵的原则和要求，查水泵样本，初步拟定用Sh型卧式离心清水泵。其选择方案见表3-7所示。

方案Ⅰ中水泵为同一型号同一规格，便于管理，供水可调性比较好。但机组台数较多，占地面积较大，工作泵的总功率大，而且水泵效率也低。

方案Ⅱ中水泵类型相同、机组台数少，工作泵总效率小，每台水泵效率高。但供水级数少。综合考虑，因泵站供水流量变化不大，因此，采用方案Ⅱ。

为保证供水安全可靠性，需备用一台12Sh-9A型机组，共计四台机组。其中12Sh-9A型三台，8Sh-13A一台。

3.电动机

由水泵样本中查得8Sh-13A型水泵配套电机为JO-82-2型电动机，功率为40kW，重量为395kg；12Sh-9A型水泵配套电机为JR116-4型，电机功率为155kW，电机重量

表 3-7

方案	设 计 参 数	泵 型 和 台 数	实 际 工 作 参 数
I	一级供水时 $Q = 303.3$L/s $H = 42$m	四台8Sh-9A并联工作	$H = 42$m $N = 49.5 \times 4 = 198$kW $Q = 81 \times 4 = 324$L/s　$\eta = 67\%$
I	二级供水时 $Q = 379.0$L/s $H = 48.5$m	六台8Sh-9A并联工作	$H = 48.5$m $N = 47 \times 6 = 282$kW $Q = 68 \times 6 = 408$L/s　$\eta = 68\%$
II	一级供水时 $Q = 303.3$L/s $H = 42$m	一台8Sh-13A和一台 12Sh-9A并联工作	$H = 42$m $N = 31 + 131 = 162$kW $Q = 57 + 248 = 305$L/s　$\eta = 78\%$
II	二级供水时 $Q = 379.0$L/s $H = 48.5$m	二台12Sh-9A并联工作	$H = 48.5$m $N = 116 \times 2 = 232$kW $Q = 200 \times 2 = 400$L/s　$\eta = 83\%$

为1250kg。

三、机组基础尺寸的确定

根据水泵样本查得8Sh-13A型水泵配带底座，底座长 $L = 1370 + 2 \times 100 = 1570$mm；水泵一侧底座宽 $B = 450$mm，电机一侧底座宽 $B = 600$mm。底座不同宽，取其大值计算基础宽，即 $B = 600 + 2 \times 100 = 800$mm；基础深度按下式计算：

$$H = \frac{2.5 \times 机组重量}{L \times B \times \rho} = \frac{2.5 \times (0.195 + 0.395)}{1.57 \times 0.8 \times 2.4} = 0.49\text{m}$$

取0.5m。

查得12Sh-9A型泵不配带底座，经计算确定基础长 $L = 2300$mm，宽1080mm。基础深为：

$$H = \frac{2.5 \times (0.773 + 1.25)}{2.3 \times 1.08 \times 2.4} = 0.848\text{m}$$

取0.85mm。

四、机组和管路的布置

机组布置采用轴线呈一条直线单行顺列，相邻基础间净距取1.2m。吸水管路和出水管路采取直进直出方式并敷设在管沟内。

依据工艺的要求，泵房总长度（轴线距离）16500m，泵房开间为3300mm。泵房宽度，依据管径大小和选用的管件和附件尺寸，确定水泵轴线距吸水管侧墙轴线为2000mm，距出水管侧墙轴线为4000mm，总宽度为6000mm。其布置如图3-44所示。

泵站内吸水管上设手动阀门。出水管上设电动阀门，同时安装止回阀和柔性接口。

五、吸水管和出水管管径的确定

考虑泵站内的管路便于安装和检修，采用钢管，接口处采用焊接和法兰盘连接两种形式。

1.吸水管管径

12Sh-9A型水泵：当泵站一级供水时其出水流量 $Q = 248$L/s；二级供水时其出水流

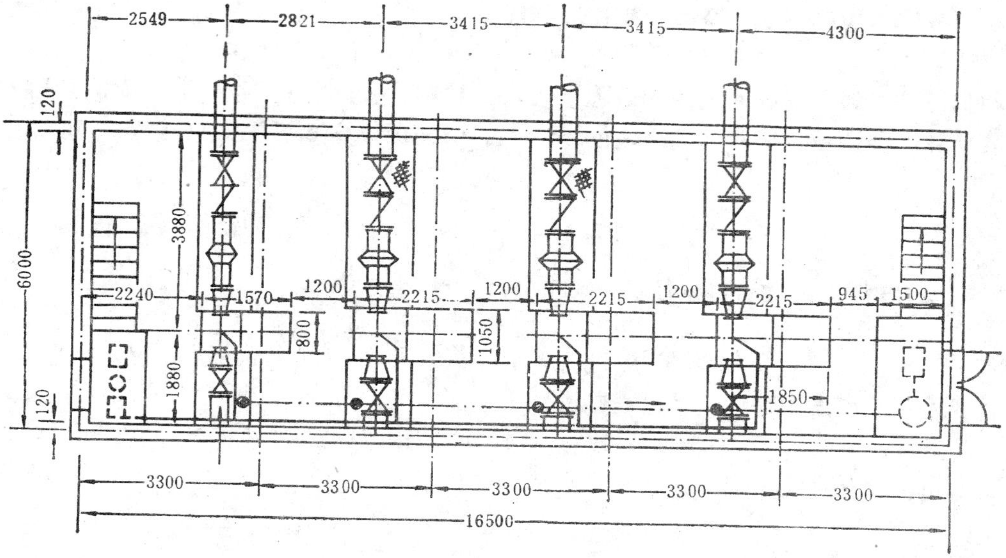

图 3-44 机组和管路的布置

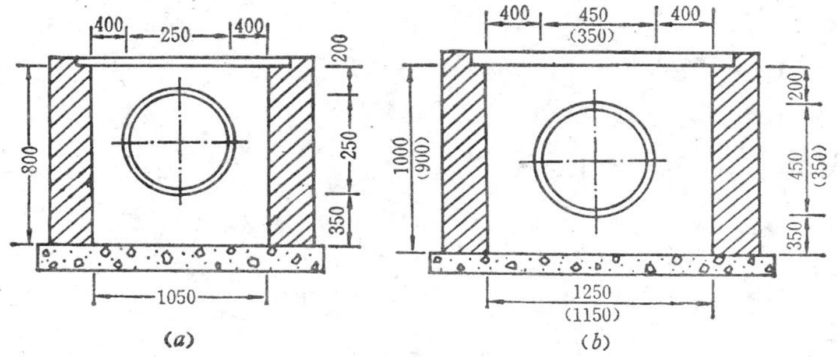

图 3-45 管沟尺寸

量 $Q=200L/s$。按吸水管路设计流速的规定，查水力计算表，当 $Q=248L/s$ 时， $d=450$ mm， $v=1.5m/s$， $1000i=6.70$；当 $Q=200L/s$， $v=1.21m/s$， $1000i=4.36$。符合流速在 $1.2\sim1.6m/s$ 范围。

8Sh-13A型水泵：流量 $Q=57L/s$， 查水力计算表， $d=250mm$， $v=1.14m/s$， $1000i=8.47$。

2. 出水管管径

12Sh-9A型：当 $Q=248L/s$， $d=350mm$， $v=2.48m/s$， $1000i=25.1$； $Q=200L/s$， $v=2.0m/s$。

8Sh-19A型： $Q=57L/s$， $d=200mm$， $v=1.85m/s$， $1000i=30.1$。

3. 管沟尺寸

考虑8Sh-13A型水泵吸、出水管管径相差不多管径较小，取管沟断面尺寸相同，如图3-45(a)所示。沟底距管下壁为350mm，沟盖板距管上壁为200mm， 管外壁与管沟两侧墙净距为400mm。

12Sh-9A型水泵吸、出水管管径较大,其布置尺寸如图3-45(b)所示。

六、确定水泵轴线标高及其它各部位标高

1.水泵轴线标高

根据设计资料所提供的条件和所选水泵,轴线标高按其中一台允许吸上真空高度$[H_s]$最小者计算。经比较应取8Sh-13A型水泵$[H_s]=3.0$m计算(不需要修正)。其计算公式为:

$$[H_{ss}] = [H_s] - \frac{v_1^2}{2g} - \Sigma h \qquad (m)$$

8SH-13A型水泵进水口直径$D_1 = 200$mm,当$Q=57$L/s,

$$v_1 = Q/A = \frac{0.057}{\pi/4(0.2)} = 1.82 \text{m/s}$$

吸水管路长度估为10m,其沿程损失:

$$\Sigma L = iL = 0.00847 \times 10 = 0.085 \text{m}$$

吸水管路设有附件和配件,其局部水头损失如下:

$$\Sigma \zeta \frac{v^2}{2g} = (\zeta_1 + \zeta_2 + \zeta_3) \frac{v^2}{2g} + \zeta_4 \frac{v_1^2}{2g}$$

式中 ζ_1——吸水管进水喇叭口,$\zeta_1 = 0.1$;

ζ_2——250×90钢制弯头,$\zeta_2 = 0.87$;

ζ_3——250阀门,$\zeta_3 = 0.08$;

ζ_4——250×200偏心渐缩管,$\zeta_4 = 0.17$;

v——吸水管中流速,$v = 1.14$m/s;

v_1——水泵进水口处流速$v = 1.82$m/s。

$$\Sigma \zeta \frac{v^2}{2g} = (0.1 + 0.87 + 0.08) \frac{1.14^2}{2 \times 9.8} + \frac{1.82^2}{2 \times 9.8} = 0.1 \text{m}$$

故　　　　$\Sigma h = iL + \Sigma \frac{v^2}{2g} = 0.09 + 0.1 = 0.19$m

所以　　　　$H_{ss} = 3.0 - 0.17 - 0.19 = 2.64$m

考虑泵房布置和吊装检修等因素,取各台水泵轴线标高相同,基础面不同。当水池在高水位时水泵为自灌式,水池为低水位时水泵为非自灌式。取$H_{ss} = 1.5$m小于计算值2.64m。

即水泵轴线标高=水池最低水位标高$+H_{ss} = 2.24 + 1.5 = 3.74$m

2.其它各部标高

各机组轴线处于同一标高,查出机组外形尺寸,推算出水泵进、出口中心标高,机组基础标高,室内地面标高,管沟标高,大门平台和屋顶标高,其计算过程省略,结果如图3-46所示。

七、辅助设备的选择及其布置

1.引水设备

当水池水位低于水泵轴线标高时,水泵启动前需采用真空泵引水。其抽气量以最大一台水泵计算:

$$Q = K \frac{v_p + v_s}{T} \qquad \text{m}^3/\text{min}$$

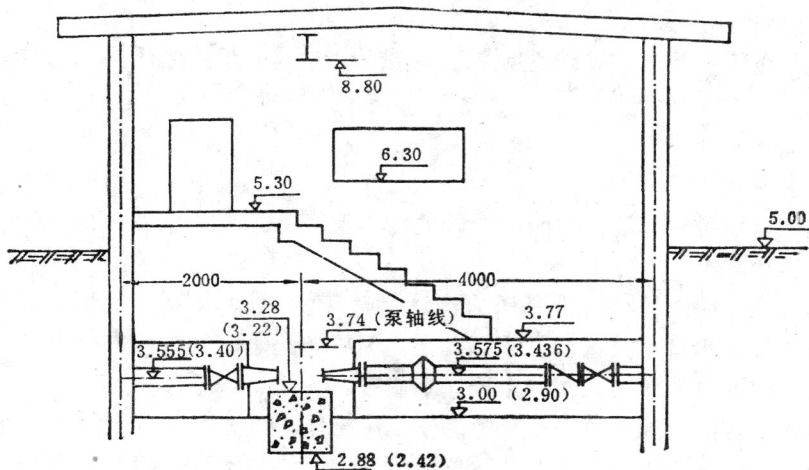

代 ( ) 为12Sh－9A型泵标高

图 3-46 泵房各部标高图

式中 v_p——自水泵进口断面至出水管阀门处空气体积＝(0.25)×3.0＝0.15m；

v_s——吸水管路内空气体积＝(0.45)×10＝1.59m；

T——5min；

K——1.05。

所以

$$Q = 1.05 \frac{0.15+1.59}{5} = 0.37 \text{m/min} = 6.2\text{L/s}。$$

需要真空值：

$$H = \frac{3.74-2.24}{13.6} = 0.11 \text{mHg} = 110 \text{mmHg}$$

可选用SZZ-4型水环式真空泵两台，一台备用，一台工作。真空泵可布置在泵房左端楼梯平台下部，其抽气系统如图3-47所示。

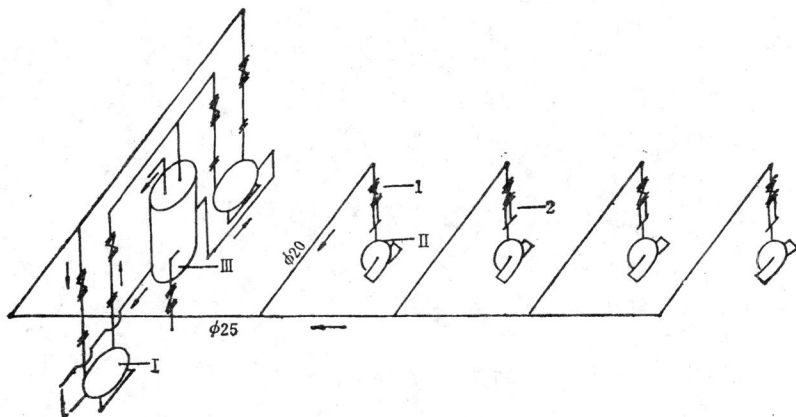

图 3-47 真空泵抽气系统

Ⅰ—真空泵；Ⅱ—水泵；Ⅲ—气水分离罐
1—截门；2—观察孔

2．起重设备

泵站内最重设备是12Sh-9A型水泵，重量为773kg。最大起吊高度为6m，吊车梁工字钢为24型。

3．计量设备

（1）流量计

拟采用两台电磁流量计，安装在泵站外输水管路上。

（2）压力表

根据水泵铭牌中的扬程，选用压力表最大刻度值为980kPa，共计四只，用直径6mm紫铜管接自水泵出水口法兰预留仪表螺孔上。为了防止水流直接冲击压力表，减弱指针摆动，将紫铜管缠绕一圈半，在其上接一个旋塞。

水泵吸水管路随水池水位变化有时处于正压工作，也有时是负压工作，宜选用真空-压力联程表，接自水泵进水口法兰预留仪表螺孔。装法与压力表相同。

4．排水设备

在管沟内设置100mm地漏，用200mm下水铸铁管由泵房左侧坡向右侧敷设，坡度为1.0％。在右侧平台下设一直径为600mm集水坑，深度为1.5m，选用一台IS50-32-125型离心泵，排除泵站内的集水。

5．通风设备

泵站内机组台数少，功率较小，靠自然通风可以解决。其开窗面积与地面面积之比为1/4。

八、水泵扬程的校核

根据图3-44所示机组和管路的布置，选择一条水头损失为最大的管路系统进行校核。选择12Sh-9A管路系统按出水流量$Q = 248$L/s校核。

吸水管路水头损失：

吸水管路总长$L_s = (2.0 + 5.0 + 1.5) = 8.5$m

吸水管路沿程损失 $= ils = \dfrac{6 \times 70}{1000} \times 8.5 = 0.06$m

吸水管路局部损失 $= \Sigma \zeta \dfrac{v^2}{2g} = (\zeta_1 + \zeta_2 + \zeta_3) \dfrac{v^2}{2g} + \zeta_4 \dfrac{v_1^2}{2g}$

式中 ζ_1——吸水管路进口，$\zeta_1 = 0.1$；

ζ_2——$\phi 450 \times 90$钢制弯头，$\zeta_2 = 1.01$；

ζ_3——$\phi 450$阀门，$\zeta_3 = 0.07$；

ζ_4——$\phi 450 \times 300$渐缩管，$\zeta_4 = 0.17$；

v——吸水管中流速$= 1.5$m/s；

v_1——水泵进水口处流速$= 3.49$m/s。

$$\Sigma \zeta \dfrac{v^2}{2g} = (0.1 + 1.01 + 0.07) \dfrac{1.5^2}{2 \times 9.8} + 0.17 \dfrac{3.49^2}{2 \times 9.8} = 0.25\text{m}$$

故吸水管路总水头损失$= 0.06 + 0.25 = 0.31$m。

出水管路水头损失：

出水管路$L_d = 4$m。

当 $Q=248\text{L/s}$，$d=350\text{mm}$，$v=2.48\text{m/s}$　$1000i=25.1$。

出水管路沿程水头损失 $=iL_d=\dfrac{25.1}{1000}\times 4=0.1\text{m}$

出水管路局部水头损失 $=(\zeta_3+\zeta_5)\dfrac{v^2}{2g}+\zeta_4\dfrac{v_2^2}{2g}$

式中　ζ_5——$\phi 350$止回阀，$\zeta=3.0$；

　　　　v——水泵出水口处流速 $=5.06\text{m/s}$；

　　　　v_2——压水管中流速 $=2.48\text{m/s}$。

故局部水头损失 $=(3.0+0.07)\dfrac{2.48}{2\times 9.8}+0.17\dfrac{5.06}{2\times 9.8}=1.18\text{m}$

出水管路水头损失 $=0.1+1.18=1.28\text{m}$。

故泵站内吸、出水管路总水头损失 $=0.31+1.28=1.58<$预估2.0m。

可见，初选的水泵符合要求。

思 考 题

1.给水泵站不同类型对选择水泵机组有何影响？

2.选择水泵的依据是什么？选泵时应注意哪些事项？

3.影响水泵工作点变化的因素有哪些？试分析各种影响因素适用条件？

4.若泵站中设有三台工作水泵，各水泵间的出水流量之比为1∶1∶1与1∶2∶2，哪种组合更好？

5.泵房布置包括哪些内容？机组和管路的布置有哪几种形式？

6.怎样确定泵房平面尺寸和各部标高？

7.吸、压水管路设计中如何提高水泵装置的效率？

8.泵站出水管路连通管的作用和设置？

9.如何选择和布置泵站中的辅助设备？

10.真空引水系统与真空吊水系统有什么区别？

11.停泵水锤有何特点？如何降低水锤压力？

12.若机组不带底座，机组与混凝土基础如何连接？

13.叶片泵的安装步骤？机组安装验收的主要内容是什么？

14.在泵站设计和运行中，应采取哪些措施降低噪声？

15.给水泵站工艺设计内容和步骤？

习 题

1.已知某用户用水量 $Q=275\text{L/s}$，需要扬程 $H=38\text{m}$，试选择水泵机组并查出底座尺寸。

2.某泵站的设计流量为 $1.00\text{m}^3/\text{s}$，进水池最低水位标高为40.17m，正常水位标高为41.00m，最高水位标高为46.00m，出水池的水位标高为68.00m。试初步选择泵型与台数。

3.已知一台12Sh-9型水泵，出水流量 $Q=220\text{L/s}$，从河中取水，采用人工灌水方法启动水泵。

其设计采用如下装置：吸水管管径 $d=300\text{mm}$，管路进口选用300×400喇叭口一个；300阀门一个；$\phi 300\times 90$弯头一个。

吸水池水位标高100.5m；池底标高100.2m；进水喇叭口处标高100.3m；水泵轴线标高105m。试校核管路设计和水泵轴线标高是否合理。

4.已知某小区用水量 $Q=380\text{L/s}$，用水最不利点地面标高为25.00m，服务水头为20m。泵站处地面标高14.00m，水池最高水位标高14.50m，水池最低水位标高11.00m，经计算管网水头损失为18

m。

试设计泵站

（1）选择机组；

（2）确定基础尺寸；

（3）机组布置和管路的设计；

（4）确定水泵轴线标高；

（5）选择辅助设备；

（6）确定泵房平面尺寸和各部标高。

5.已知某工厂自备井，单井出水量 $Q = 140\text{m}^3/\text{h}$，需要扬程 $H = 40\text{m}$，动水位距地面高差为15m，管井管径为300mm。

试选择水泵并进行泵房工艺设计。包括：

（1）选择机组；

（2）管路设计（要求有排砂和排污设备）；

（3）确定泵房平面尺寸和各部标高；

（4）绘制平、剖面图。

第四章 排 水 泵 站

第一节 概　述

一、用途及组成

众所周知，生产和生活污水是经过卫生器具汇入排水管道流入污水处理厂或水体的。通常排水管道多采用重力流的形式致使下游管线埋深较大，污水不能直接排入水体或污水处理厂，而需要设置排水泵站，将污水进行提升。

排水泵站的来水是连续的，水量逐日逐时都有变化，水中还含有大量杂质。因此，排水泵站的基本组成包括：事故排出口、格栅、集水池、机械间、出水井和辅助房间等，如图4-1所示。

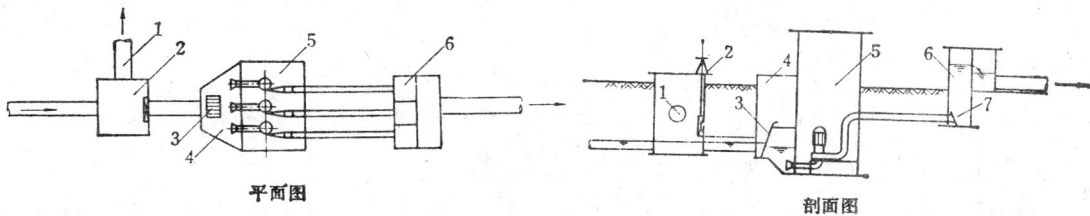

图 4-1　污水泵站组成示意图.
1—事故出水口；2—闸门井；3—格栅间；4-集水池；5—机械间；6—出水口；7—拍门

事故排出口做为一种应急放水口，当水泵因某种原因停止工作，而干管中的污水继续流向泵站时，为防止污水漫溢，在格栅前设一个专用闸门。当泵站停止工作，关闭闸门，污水从事故排出口排入水体或洼地。设置事故排出口应取得卫生主管部门的同意。

格栅用作拦截雨水、污水中较大的固体杂质，以保障水泵正常运行。格栅可设在集水池内，也可单独设置。清除格栅上的污物，可采用人工或机械的方法进行清除。

集水池应满足水泵吸水口和其它设备安装上的尺寸要求，同时在一定程度上起调节进水量不均匀性，以使水泵较连续均匀运行。

机械间又称水泵间。主要安装水泵机组和有关的辅助设备。其布置和有关尺寸见室外排水设计规范GBJ14-87中第四章规定。应满足机组设备的安装、检修和经常维护需要。

出水井一般靠近机械间，主要做为水泵出水口和稳定出水井水位标高。每台水泵出水口设一拍门，可去掉每台水泵出水管上的阀门和止回阀。这样即能降低造价又能节省运行费用。

辅助房间包括：变配电室、值班室、修理间、储存室和辅助间，其具体布置和占地面积按照有关规定确定。

二、排水泵站的基本类型

排水泵站可按下列情况分类：

1.按在排水系统中的作用，分为中途提升泵站和干管终端泵站；

2.按被抽升液体的性质，分为雨水泵站、污水泵站、合流泵站和污泥泵站；

3.按泵站平面的型式，分为圆型和矩型泵站；

4.按集水池与机械间的布置，分为分建式和合建式泵站；

5.按水泵引水方式，分为自灌式和非自灌式泵站；

6.按起动水泵方式，分为人工操作和自动控制泵站；

7.按照泵站室内地面相对位置，分为半地下式和地下式泵站。

实际工作中泵站的分类是上述几种分法的综合体。如图4-2所示为圆形合建自灌式半地下中途提升泵站。

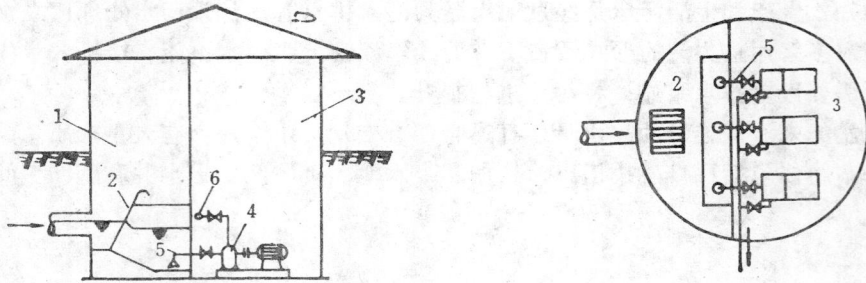

图 4-2　圆形合建式泵站

1—集水池；2—格栅；3—机械间；4—机组；5—吸水管；6—出水管

下面就几种常见的排水泵站类型加以分析比较。

图4-2为圆形合建式排水泵站。采用卧式水泵，自灌式工作。这类泵站布置优点：布置紧凑，占地面积小；结构合理，便于沉井法施工；易于水泵起动，便于自动化控制等。缺点是：圆形不利于机组和设备的布置；当机械间埋深较大时，不利于自然通风和换气，而且电器容易受潮。这类布置形式适用于机组台数较少的中、小型深基泵站。

图4-3为矩形合建式排水泵站。采用立式水泵，自灌式工作。其优点：布置紧凑，与同性能卧式水泵比较其占地面积小。尤其当机组台数多，埋深大、地下水位高时更为适宜，同样具有易于水泵的起动和运行可靠性高。缺点是：立式水泵安装技术要求高；运行中噪声较大；检修维护较复杂。

图4-4为分建非自灌式排水泵站。当埋深大、地下水位高、土质差，为了减少施工的困难和降低工程费用，采用集水池与机械间分建是合理的。可利用水泵吸水真空高度，减少机械间的埋深。其优点是：分建式泵站工程造价低，便于施工，减少了机械间被水淹没的可能性。其缺点：吸水管路较长，且由于水泵起动前需要先充满水，增加了水泵起动环节，带来了运行工作麻烦。

在实际工作中，排水泵站的类型较多，采用何种类型需经技术经济比较。应从干管的埋深、流量大小、机组类型和台数多少、水文地质条件、周围环境以及施工技术力量等多种因素确定。设计排水泵站应力求做到布置合理、投资省、运行费用低、便于维护与运行。

三、排水泵站位置的选择

排水泵站位置主要依据排水系统上的需要而定。如中途提升泵站应在埋深较大处。同

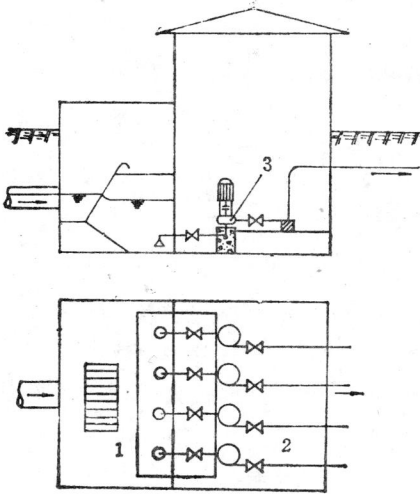

图 4-3 矩形合建式泵站
1—集水池；2—机械间；3—立式水泵

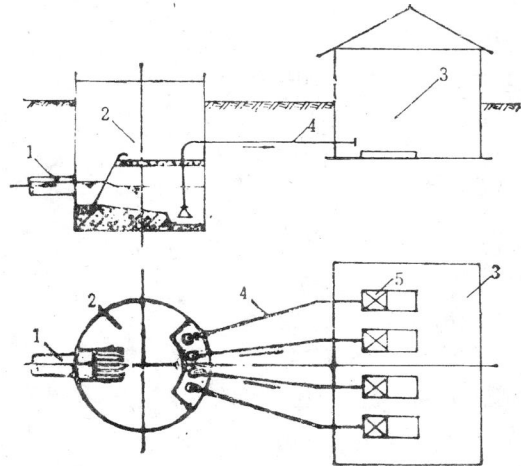

图 4-4 分建式非自灌排水泵站
1—排水管渠；2—集水池；3—机械间；4—吸水管路；5—机组

时满足城市规划要求。单独设置的泵站，应根据污水的污染程度，机组的噪声等情况，结合当地条件，与居住房屋和公共建筑保持适当距离，周围应当绿化。

站址处在受洪水淹没地段，其泵站出入门口地面标高应比设计洪水位高出0.5m以上，保证不被洪水淹没。便于设置事故排出口和减少对周围环境的影响。

当排水干管穿越河道、铁路或其它重要障碍物时，最好将泵站设置在障碍物前端，用压力管路穿越障碍物比用自流管方案为宜。

第二节 水泵和集水池容积的确定

一、水泵的选择

水泵的选择依然根据污水量、扬程和工作条件来选择，同样应当遵循第三章第二节所述选泵原则进行。

城市干管内的污水量是不均匀的流入泵站，因而对水泵的选择和集水池容积的确定有重大影响。

1.泵站设计出水量

正确合理地确定泵站出水量，需要有本地排水系统干管逐时流量变化资料，以此确定水泵的出水量、台数和集水池容积。实际工作中很难有准确的逐时流量变化曲线。因此，排水泵站的设计流量一般按最高日最高时污水量确定。一般小型排水泵站，设2～3台机组，大型泵站设4～6台机组。

水泵在运行过程中，集水池中水位是变化的，工程设计中集水池有效水深一般为1.5～2.0m。所选用的水泵工作点应在水泵高效区内工作。如图4-5所示。

2.水泵扬程

水泵扬程计算公式仍按（1-46）计算。

107

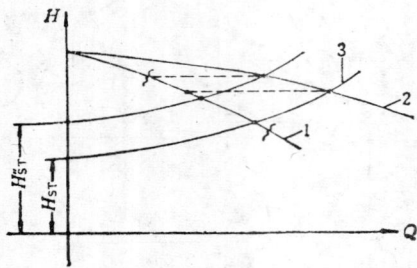

图 4-5　水泵工作点
1—水泵特性曲线；2—并联特性曲线；3—管路特性曲线

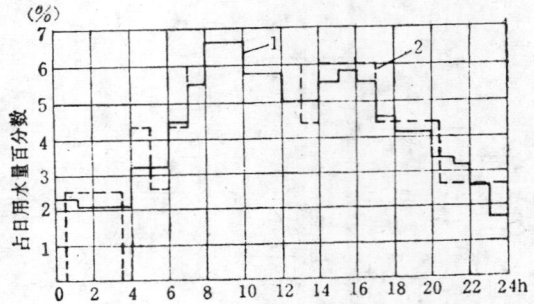

图 4-6　污水流入量与水泵抽出量图
1—污水逐时流量变化曲线；2—水泵抽水曲线

　　一般排水泵站进、出水管路较短，其局部水头损失占总损失比例较大，因此，在计算水泵扬程时应当详细计算局部水头损失。

　　考虑排水泵站在运行过程中特殊原因，以及水泵性能上的误差，在计算水泵扬程时，可适当加大1～2m安全余量。

　　根据设计流量和扬程，即可选择机组，在选择时应当注意：

　　1.排水泵站根据水质情况，选择适宜的水泵。如采用污水泵、耐腐蚀水泵和杂质泵等；

　　2.尽量选用性能好、效率高、大型机组。可能条件下尽量选用同型号，大小机组适当搭配，以适应流量的变化；

　　3.选择水泵时尽量保证水泵工作点在水泵高效区内工作；

　　4.污水泵站需设置备用机组，其台数应根据地区重要性、工作泵型号和台数等因素确定，但不得少于一台。雨水泵站一般可不设备用泵，但工作泵不少于二台。

　　二、集水池容积

　　确定集水池的容积应当具有污水逐时变化曲线和水泵抽水曲线，经计算确定。如图4-6所示。

　　实际工作中，集水池容积在满足布置格栅、水泵吸水管路的要求条件下，能将流入污水及时排除的前提下，尽量减小集水池容积。这样不仅能降低工程造价，还可以减轻集水池中污水的沉积和腐化。

　　室外排水设计规范（TJ14-74）中规定，污水泵站的集水池容积，可采用不小于最大一台水泵5min出水量的体积确定；雨水泵站的集水池，可采用不小于最大一台水泵30s出水量确定。上述数据一般均能满足集水池中设备布置和工作时水力条件，若不能满足时，可再适当调整。

　　对于小型污水泵站，夜间来水量较少时，水泵可以停止运行。这时集水池容积应能满足储存夜间流入污水量的要求。

　　污泥泵站的集水池容积，应根据有关排水构筑物一次排出污泥量或回流剩余的活性污泥量来计算。

　　集水池有效水深一般为1.5～2.0m，以保证水泵不致于频繁起动。

　　三、集水池的布置

　　排水泵站格栅往往与集水池合建。格栅放置的位置要满足人工或机械设备清除污物的要求，集水池的布置要满足吸水管进口有良好的吸水条件。

一般格栅和集水池的布置与尺寸如图4-7所示。

集水池各部标高主要根据进水管管底标高或管中计算水位标高确定。其中集水池最高水位标高等于进水管内底标高加设计充满度的水深，减去格栅局部水头损失0.1m。若集水池有效水深取1.5～2.0m，则集水池最低水位标高等于最高水位标高减去有效水深。

集水池中格栅位置如图中所示，格栅下缘与进水管底高差大于0.5m，距池壁不小于0.5m。格栅倾斜角度为60°～70°之间。

清理格栅平台高出最高水位0.5m，平台尺寸，采用人工清除时，平台宽度不小于1.2m，机械清除视机械外形尺寸确定。平台边缘应设有栏杆。为了检修下到池底，平台应留有人孔并设有爬梯。

集水池底设有0.1～0.2坡向集水坑坡度。集水坑的尺寸取决于吸水管管口的布置。吸水管喇叭口下缘距集水池底最低水位差不小于0.5m，距坑底不小于喇叭口进口直径0.8倍。

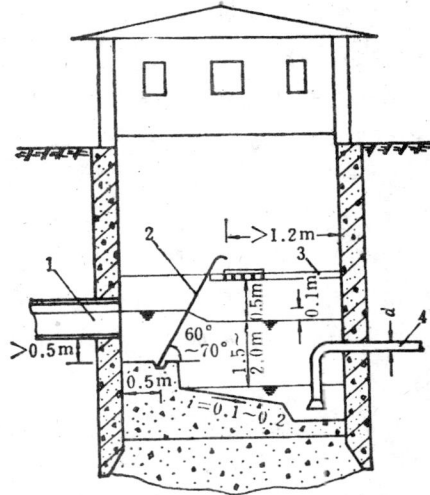

图 4-7 集水池的布置

1—进水管；2—格栅；3—工作平台；4—吸水管

合建自灌式排水泵站集水池底板与机械间底板采用相同标高，非自灌式泵站机械间的底板标高，根据已定的水泵轴线标高推算。

自灌式泵站吸水管进口下缘标高，应由水泵轴线标高与吸水管上管件尺寸推算确定。水泵轴线标高可与集水池最低水位标高相同。

第三节　机组和管路的布置

一、机组的布置

机组的布置与机组的类型、尺寸大小、台数多少、安装与维护等诸因素综合考虑。其布置的原则、形式与给水泵站有相同之处。常见的布置形式有以下几种：

1. 机组轴线平行单排布置，如图4-8（a）。适用于小型污水泵站；
2. 机组单排布置，如图4-8（b）。适用于大、中型泵站，采用立式泵；

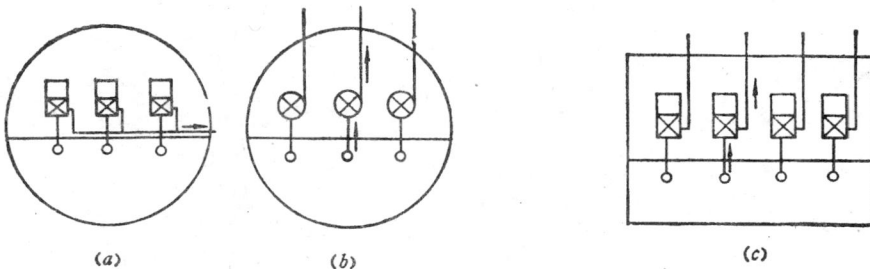

（a）　　　　　　　（b）　　　　　　　（c）

图 4-8 排水泵站机组布置

1—卧式污水泵站；2—立式污水泵站；3—矩形污水泵站

3.机组轴线呈一条直线单列式布置，如图4-8（c）。适用于大、中型台数较多的排水泵站。

有关机组间距、通道尺寸、机组距墙尺寸和检修场地详见室外排水设计规范GBJ14-87第四章排水泵站有关规定。

二、管路的设计

1.吸水管路

排水泵站多采用合建式，这样布置吸水管路较短，有利于每台水泵设单独吸水管路，其优点是可减少管路上的附件、改善水力条件、降低费用和提高运行可靠性。

吸水管路进口宜选用喇叭型进水口，其直径为吸水管路直径的1.3～1.5倍。喇叭口安装在集水坑内，其安装尺寸可参照给水泵站吸水管路布置。

在自灌式泵站中，吸水管路上应设一手动阀门，水泵检修时阀门关闭，正常工作时阀门常开。非自灌式泵站不宜使用底阀，而采用喇叭型进水口，用真空泵方法引水。这种真空泵引水装置，在水泵与真空泵之间设一隔离罐，防止污水进入真空泵，影响真空泵使用寿命。

为了使吸水管路不存气，敷设时水平管段应有坡向水泵的上升坡度。在吸水管与水泵进口连接处采用偏心渐细管为宜。

吸水管路流速一般为0.7～1.5m/s，最低不小于0.7m/s。

专门排除雨水的泵站，在非雨季进行机组检修，虽然为自灌式泵站，但是吸水管路可不设置阀门。

吸水口布置和形式，对保证水泵正常工作，有良好的吸水条件，吸水口周围不产生旋涡有重要影响。尤其大型机组，吸水性能差的水泵，应特别注意吸水口的布置，详见表4-1。

2.出水管路

通常排水泵站距出水井较近，出水管路较短，每台水泵设单独出水管路直接与出水井相接，如图4-9所示。

采取这样布置，可以减少出水管路上的阀门、止回阀和压水管路连通管，即降低造价又利于管理，只在出水管出口处设一拍门，防止停泵时水倒泄或掉入杂物。

排水泵站一般埋深较大，泵站内出水管路多采用架空敷设，管路的位置和净高以不妨

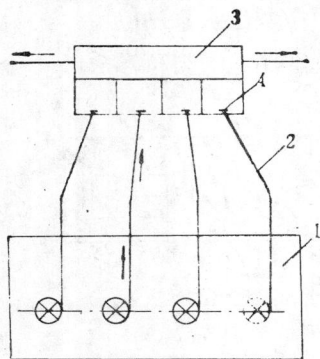

图 4-9 压水管路布置 　　　　　　　　　图 4-10 压水管路布置

1—机械间；2—压水管路；3—出水井；4—拍门

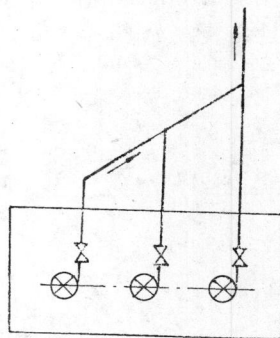

碍人的通行和检修为原则，但管路不得穿过电气设备上空。

几台水泵共用一条出水管路时，在每台水泵出水管路上应设阀门，如图4-10所示。轴流泵例外。

出水管路的流速一般为0.8～2.5m/s。当两台或两台以上水泵共用一条出水管路时，其一台水泵工作时的流速不小于0.7m/s。

第四节　泵站中的辅助设备

泵站中的辅助设备是指除机组、电气设备以外的有关主要设备。如事故排出口、引水设备、反冲洗设备及水封水、起重设备、计量设备、排水设备和出水井等。

一、事故排出口

事故排出口的作用在本章第一节中已说明。这里只说明事故排出口的构造和类型。如图4-11为事故排出口布置类型。

图4-11（a）为一矩形设一道闸门的事故闸门井，闸门经常是开启的。闸门可采用密闭性较好的铸铁闸门，其构造如图4-12所示，闸板与丝杠连接，用启闭机操作，这类布置适用于小型污水泵站。

图4-11（b）为一矩形设有二条流入集水池干管，当一条检修时，另一条可继续工作。适用于大、中型污水泵站。

当水泵需要停止工作，关闭闸门3，由于来水不断流入井内，使得水位升高，当升至事故排出口时，污水开始溢流。当泵站恢复工作，打开闸门3，启动水泵，污水停止溢流，进行正常运行。

二、引水设备

污水泵站一般设计为自灌式，可不设引水装置。当水泵启动为非自灌式时，应采用引水装置，常用真空泵抽气的方法引水，为防止污水进入真空泵，应在水泵与真空泵之间抽气管路上设隔离罐，隔离罐大小可与气水分离罐相同，真空泵循环水接自自来水管供给。

三、反冲洗管及水封水

污水中含有较多杂质，在集水池中因流速降低，杂质易于沉积，为防止杂质沉淀，一般从水泵压水管上接出一条直径为50mm支管伸入集水坑，支管上设有孔眼，定期打开支管上的阀门，冲起沉渣，由水泵带走。

水泵填料函的水封水应由自来水供给，防止污水中的泥砂磨损泵轴轴套和堵塞水封管。

四、起重设备

排水泵站内设备经常检修，更换零部件，尤其大型机组或深基泵站中应设有起重设备。泵站内的起重设备，应满足泵站内最重部件的起吊来选择起重设备。规范中规定：起重量在0.5t以内，设置移动吊架或固定吊钩；起重量在1t以下，设置手动单轨吊车；起重量在1～3t时，设置手动或电动单轨吊车；起重量在3t以上时，采用电动单梁桥式吊车。

当起吊高度大，吊运距离长或起吊次数多的泵房，可适当提高起吊机械化水平。

五、计量设备

由于污水中含有较多杂质，不适宜选用速度水表和孔板式水表，可选用弯头式或电磁

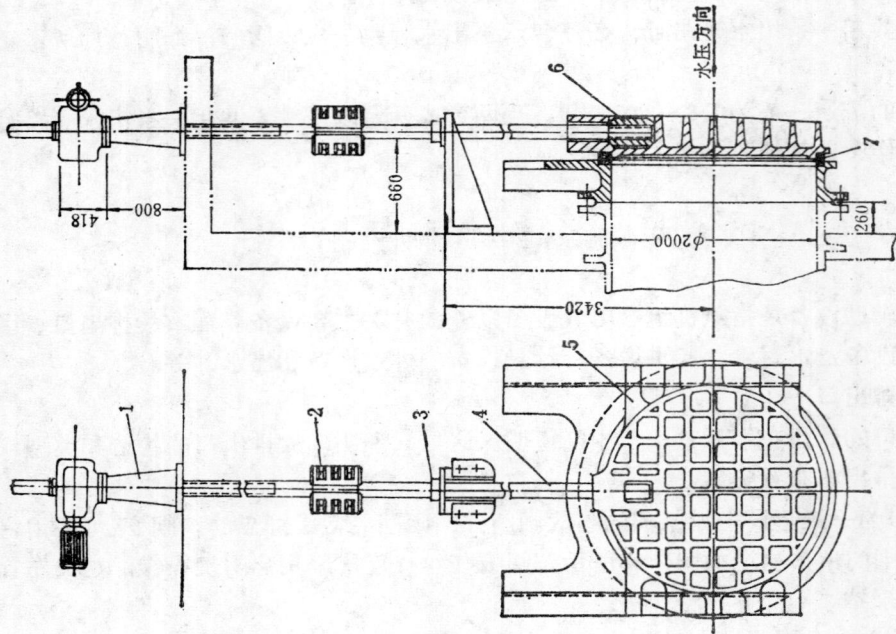

图 4-12 闸门构造

1—启闭机，2—联轴器，3—轴导架，4—连杆，5—阀门，
6—吊块，7—密封圈

水压方向

φ2000

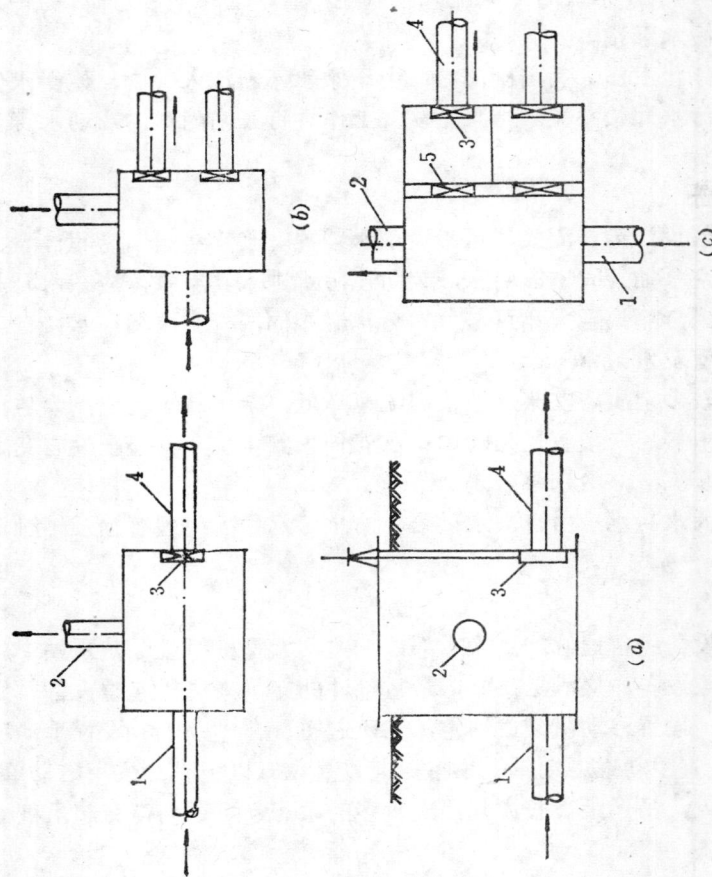

图 4-11 事故排出口示意图

1—来水管，2—事故排出口，3—铸铁阀门，4—流入集水池干管，5—叠梁闸

式流量计。

设当污水处理厂内的泵站，常常在出水井后的总出水渠上设巴式计量槽，代替泵站内计量水表。

六、排水设备

排水泵站机械间内集水的排除方式与给水泵站基本相同，通常排水泵站中的集水可排向集水池，若机械间的集水有条件靠重力流流向集水池，可设一条连通管，其上装一阀门，排水时阀门打开，非排水时阀门关闭。

有条件也可在吸水管路上接出一根小管伸入集水坑，小管上安一阀门，需排水时，开启阀门，利用吸水管中负压将集水坑中的集水排走。这种方法可省掉排水泵，是一种简单可行的排水方法。

大型排水泵站，可选用立式农用排水泵，它的优点：叶轮侵在水中，不需引水装置，便于起动，而且安装简便，价格便宜。是一种常用的排水设备。

七、出水井

出水井一般设置在污水处理厂进水泵站出水侧，与曝气沉砂池之间排水干渠上。可稳定水位，同时能防止水泵停止工作时，出水井中的水倒泄至集水池。

出水井的常用型式如图4-13所示。每台水泵压水管出口设单独出水间，相互不连通，而且在管道出口处设拍门，拍门构造如图4-14所示，水泵工作时靠水的作用拍门被打开，停泵时靠拍门自重自动关闭，阻止出水井中的水倒流。每台水泵出水井设一矩形出水堰3，采用叠梁堰调节堰上水头，达到调节出水量之目的。每台水泵设单独出水间为了本台水泵检修时，不致影响其它水泵工作。

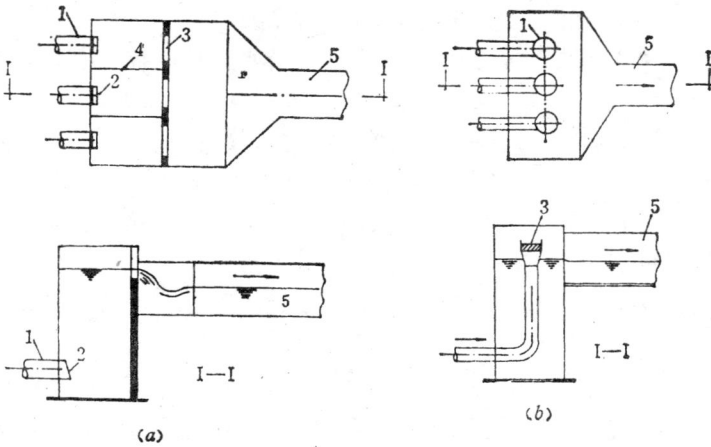

图 4-13　出水井示意图

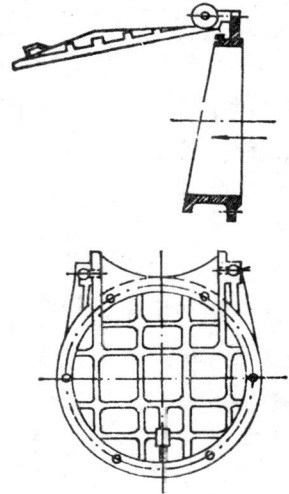

图 4-14　拍门构造示意图

1—水泵压水管路；2—拍门；3—出水堰；4—隔墙；5—排水干渠

排水泵站内有通风、照明、电气等辅助设备，可参照有关设计手册和对给水泵站要求进行选择和布置。

泵站防噪措施应符合现行的《城市区域环境噪声标准》及《工业企业噪声控制设计规范》的规定。

第五节 污水泵站的特点及示例

一、房屋构造上的特点

污水泵站大部分建筑在地下，埋深取决于来水干管的深度和水泵吸水高度而定。又因为污水泵站多建在地势较低洼处，泵站地下部分常位于地下水位以下，因此，地下部分采用钢筋混凝土结构，其底板应考虑承受地下水浮力的影响。泵站地上部分采用砖混结构。

当机械间与集水池合建时，应当用无门窗的（可用死窗）不透水隔墙分开，以防集水池中的臭气渗入机械间。机械间和集水池应单独设门。

在深基泵站内，通往底部的楼梯沿泵房周边布置，若地下部分的深度超过3m时，楼梯中间应设平台。楼梯宽度一般不小于0.8m。

如果泵站所在地区有被洪水淹没的可能性，应有防洪措施，如提高泵房进水口标高或筑堤等措施。防洪设防标高应高出洪水位0.5m以上。

集水池一般可设在室外。在寒冷地区，为防止结冰可设在室内。集水池设在室内其通风管应伸至工作平台以下，通风管出口高出屋顶。设有强力换气装置时，其进入的空气量要大于抽气量，以免抽出来水管中的气体。

二、泵站运用上的特点

污水泵的叶轮比清水泵的叶轮易于磨损，叶槽易于堵塞，造成出水量减少，水泵效率降低，导致电能的消耗增大。因此，每年应当进行1～2次检修，注意水泵各个部件的磨损程度。

水泵每次停车后，应加以清扫，去除杂物，清扫之后将清扫孔关闭。

对于非自动化泵站，在集水池中设置水位指示器，使值班人员能随时了解池中水位变化情况，便于控制水泵的运行。

集水池中的沉淀物应当经常用水泵抽走，当抽吸沉淀物时，打开冲洗水管或用单设水龙带，喷出水流冲洗集水坑、集水池壁、栏杆和工作平台等，以保持干净。

人工手耙清除格栅上的堆积物要及时，使格栅前回水位不超过10cm，否则在回水的压差作用下堆积物被压而通过格栅的间隙。

机械法清除也应及时清除格栅上的堆积物，机耙、破碎机和运输设备应当每天加以检查和保养。

三、污水泵站示例

污水泵站类型在本章第一节中已经介绍，这里主要介绍常见圆形合建式污水泵站布置示例。

图4-15所示为三台4PW型卧式污水泵，属于合建式，地下部分采用钢筋混凝土结构，地上部分为砖结构，采用平屋顶。集水池与机械间用钢筋混凝土隔墙分开，墙壁不设门和活动窗。每台水泵设有单独吸水管，吸水管上装有手动阀门，便于水泵的检修。三台水泵共用一条出水管路，采用沿墙架空敷设。

机械间内的集水，由吸水管上接出直径为32mm支管伸入集水坑内，在水泵运行时，打开支管上阀门7，将坑内集水抽走。从压水管路上接出直径为50mm的冲洗水管6伸入

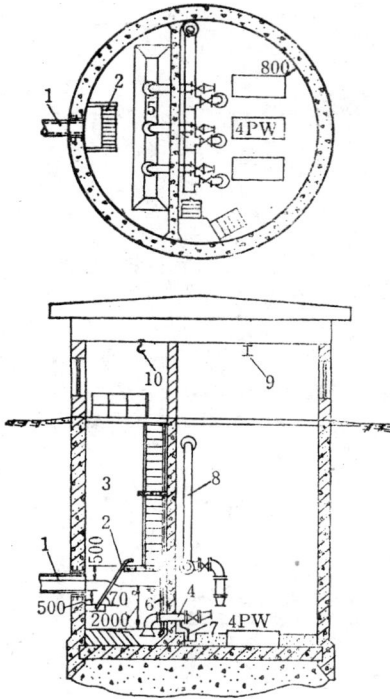

图 4-15　4PW污水泵站

1—来水干管；2—格栅；3—集水池；4—水泵吸水管；5—
吸水坑；6—冲洗水管；7—吸水支管；8—出水管；9—单
梁吊车；10—吊钩

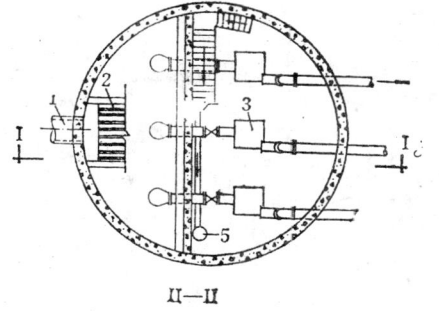

图 4-16　6PWL型污水泵站

1—来水干管；2—格栅；3—立式水泵；4—单梁吊
车；5—集水井

吸水坑 5 内。

集水池容积按5min的水量确定，有效水深为2m。格栅倾角为70°，采用人工清除堆积物。最高水位距工作平台为0.5m。

机械间起重设备采用单梁手动吊车，集水池设置固定吊钩。

图4-16所示有三台立式6PWL型水泵，皆为圆形合建自灌式泵站。机械间与集水池采用钢筋混凝土隔墙分开。集水池中设有机械耙清除格栅上堆积物。集水池上部设有屋顶，周围不设围护结构和门窗。

每台水泵设有单独吸、出水管路，吸水管上设有阀门，出水管路出口设拍门。

机械间内集水流入集水井，井内安装一台农用排水泵将集水抽入集水池内。

第六节　雨水泵站的特点及示例

雨水泵站的组成与布置基本上与污水泵站相同，雨水泵站为季节性工作，而且随雨量大小不同，其排水量相差较大，带来选择水泵的复杂化。水泵选型首先满足最大设计流量的要求，又要考虑其它时流量的变化，以使能量消耗减少。雨水泵站机组台数，一般不少于3～4台，以适应来水量的变化，最好采用同型号或大小机组搭配。

雨水泵站不设备用机组，在非雨季节加强机组检修。

对于合流制泵站，即按雨季时排水量选择水泵，又能满足在非雨季时排除日常污水

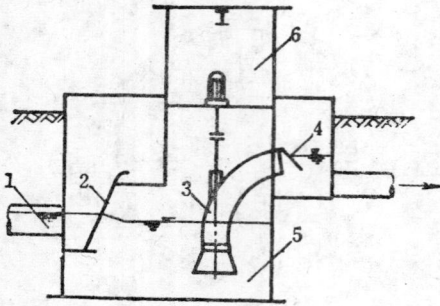

图 4-17 干室式雨水泵站

1—来水干管；2—格栅；3—轴流式水泵；4—拍门；
5—集水池；6—机械间

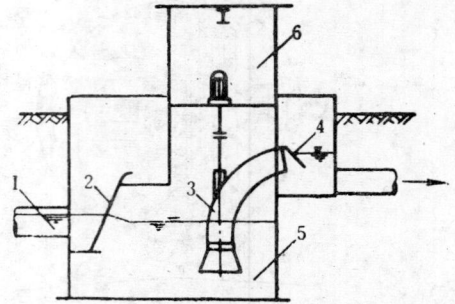

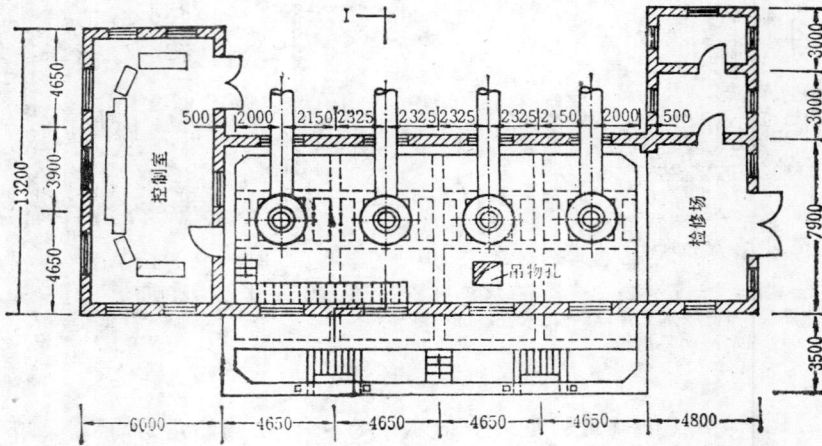

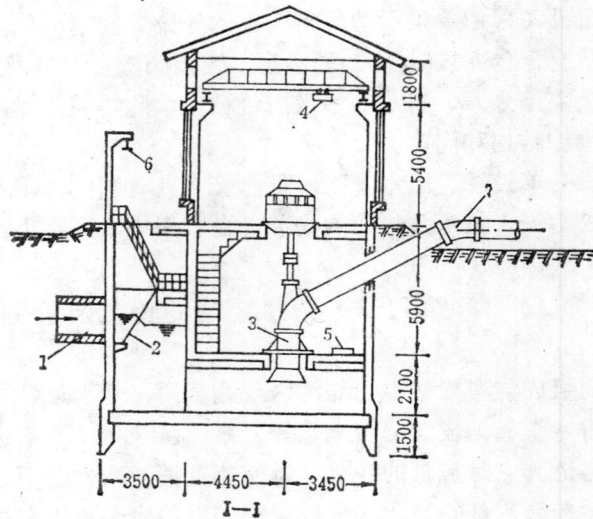

图 4-18 "湿室式"雨水泵站

1—来水干管；2—格栅；3—轴流式水泵； 4—拍门；
5—集水池；6—机械间

图 4-19 设有轴流泵矩形雨水泵站

1—来水干管；2—格栅；3—轴流式水泵；4—桥式吊车；5—排水泵；6—单梁吊车；7—出水管

116

量。

雨水泵站中集水池与机械间是否用不透水隔墙分开，可分为"干室式"和"湿室式"两种形式。图4-17为"干室式"。优点是机组运行条件好，便于维修，卫生条件也好。采用较为广泛。图4-18为"湿室式"，省掉不透水隔板，降低造价，但室内较潮湿，有臭味，不便于检修。

雨水泵站通常出水量大，扬程低，多采用轴流式水泵。采用轴流式水泵，要十分注意集水池中的水力条件，因为轴流泵吸水性能差，如果池中水流紊乱，有旋涡，不仅会降低水泵效率，也会导致水泵发生汽蚀，影响水泵正常工作。池中水流状态与集水池几何形状、尺寸、水泵进水口在池中的位置等因素有关。

集水池进口流速一般不小于0.7m/s，水泵吸入口的行进流速控制在0.3m/s以下为宜。水泵吸水口在集水池中各部尺寸详见所选用水泵样本中的安装规定。

表4-1为几种正确与不正确的集水池布置形式

几种正确与不正确的集水池布置形式　　　　　　　　　表 4-1

编　号	不　正　确	正　　确	注　意　事　项
I			1. 合理确定水泵位置，水泵与集水池壁之间不留过多空隙，使池内不产环流 2. 不要突然扩大和改变水流方向
II			1. 避免在一台水泵上流布置另外的水泵 2. 不得不从集水池一侧进水时，应合理布置
III			1. 集水池底部不宜过陡，防止产生水跃 2. 应有足够的淹没水深，防止形成涡流吸入空气

图4-19所示有四台立式轴流泵的矩形雨水泵站。泵房地下部分采用钢筋混凝土结构，按沉井法施工，集水池与机械间用不透水隔墙分开，属于"干室式"泵房。机组单排布置，间距为4.5m。地下部分井筒高9.5m，宽11.4m，长18.6m，地上部分为组合式砖结构，层高7.2m，设有一台10t电动吊车。

泵房左端为配电室和控制室，右端为检修间，并设有进设备大门。

来水干渠为两条接入露天式集水池，池内设有格栅，在集水池上部设手动吊车一台。

第七节 螺旋泵站的特点

由于螺旋泵构造简单、便于制造，工作可靠，能量消耗少，泵站设备简单等优点，国内外广泛应用于污水处理厂中回流污泥的提升、农业灌溉与排涝等方面。

螺旋泵是一种低转数、低扬程、流量范围较大、效率变化幅度小，而且叶片间隙较大，适宜提升活性污泥，不致产生打碎污泥颗粒和堵塞叶槽等现象。

采用螺旋泵可以省掉集水池，只要满足螺旋泵下支座布置上的要求即可，同时，螺旋泵无须设置吸、压水管路及管路上的各种附件，这样，可减少水头损失，提高泵站装置效率，有利于节约电耗。

螺旋泵站构造简单，在非寒冷地区可以不建泵房或建简易防雨棚，减少土建投资。图4-20为某污水处理厂采用螺旋泵提升回流污泥泵房。

图 4-20 螺旋泵站

螺旋泵由于构造简单，叶片间隙大，转速低，因此，泵的磨损少，不易出现故障，减少了检修工作量，运行管理人员可以不经常看管，提升水量随着进水水位高低自行调节。

螺旋泵安装主要注意螺旋叶片与泵槽间的间隙的大小，间隙过大，影响水泵效率，间隙过小，易产生摩擦。因此，要求泵槽加工精细，误差小。泵槽多为钢筋混凝土水槽，其施工可分为二步，第一步先浇筑混凝土水槽，使泵槽与泵叶片之间的间隙为40～50mm。第二步安装螺旋泵，然后在泵与水槽间自下往上铺水泥砂浆。在螺旋外侧点焊 $\phi 8 \sim 10mm$ 圆钢，慢慢转动螺旋，刮掉多余砂浆后表面压光，使水槽表面准确地保持8～10mm的间隙。

螺旋泵使用也有其局限性，不适宜高扬程，出水为压力流的场合。另外泵轴不宜制造太粗太长。与一般水泵相比，性能参数相同时其泵体较大，效率偏低。此外，螺旋泵为敞开式，在提升污水时，对周围环境有一定影响。

第八节 污水泵站工艺设计示例

一、设计依据

某小区拟建一座污水处理厂，该污水处理厂来水干管直径 $D=600mm$，管内底标高

24.90m，充满度为0.7，地面标高31.80m。最高时污水量为140L/s，出水井水面标高36.80m，出水井距泵房为12m，试设计污水泵站。

二、机组的选择

在满足抽升最高时流量条件下，为适应来水不均匀性，水泵能在高效区工作，宜选用两台或两台以上水泵，流量大时多开泵，流量小时少开泵。初步选择两台相同型号的污水泵。

流量：两台水泵工作，出水量 $Q \geqslant 140 \text{L/s}$，

一台水泵工作，出水量 $Q = 75 \text{L/s}$ 左右。

扬程估算：

格栅前水面标高＝管内底标高＋管内水深

$$= 24.90 + 0.6 \times 0.7 = 25.32 \text{m}$$

格栅后水面标高＝格栅前水位标高－格栅水头损失 $= 25.32 - 0.1 = 25.22 \text{m}$

集水池有效水深取2m

故集水池最低水位标高 $= 25.22 - 2 = 23.22 \text{m}$

水泵扬水几何高度（净扬程）＝出水井水面标高－集水池最低水位标高 $= 36.80 - 23.22 = 13.58 \text{m}$

暂估算管路水头损失为1.0m

水泵扬程：

$H =$ 扬水几何高度＋管路水头损失 $= 13.58 + 1.0 = 14.58 \text{m}$

根据流量、扬程和工作条件，选用立式污水泵，从样本中查得：

选用两台6PWL型立式污水泵，其工作参数：$H = 14.65 \text{m}$，对应 $Q = 75 \text{L/s}$，两台并联工作 $Q = 2 \times 75 = 150 \text{L/s} > 140 \text{L/s}$，满足要求。

另设一台同型号备用泵，则泵站内共计安装三台6PWL立式污水泵。

三、集水池容积及其布置

1.集水池容积

按一台水泵5min的出水量计算，集水池的容积为：

$$v = \frac{75 \times 5 \times 60}{1000} = 22.5 \text{m}^3$$

因集水池有效水深为2m，则集水池面积

$$A = \frac{V}{H} = \frac{22.5}{2} = 11.25 \text{m}^2$$

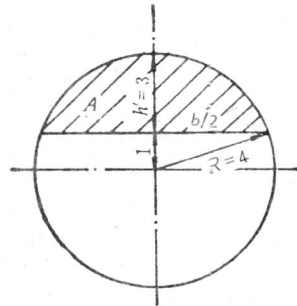

图4-21　集水池面积

2.泵站的形式

考虑污水量较小，机组台数少，泵站埋深较大，采用圆形合建自灌式泵站。

暂取泵站内径为8m，集水池隔墙距泵房中心距离为1m，校核集水池面积：

如图4-21所示，隔墙长为 B，泵房半径为 R，则 $B = 2\sqrt{R-1} = 2\sqrt{4-1} = 7.4 \text{m}$

设隔墙厚0.3m，则集水池实际面积

$$A = 2/3 B \times H' = \frac{2}{3} \times 7.8(3.0 - 0.3) = 14 \text{m}^2 > 11.25 \text{m}^2，满足要求。$$

3.集水池的布置和各部标高

集水池内设有格栅，采用人工清除，格栅位置及各部尺寸如图4-22所示。安装倾角为70°，工作平台标高比集水池栅前最高水位高出500mm。

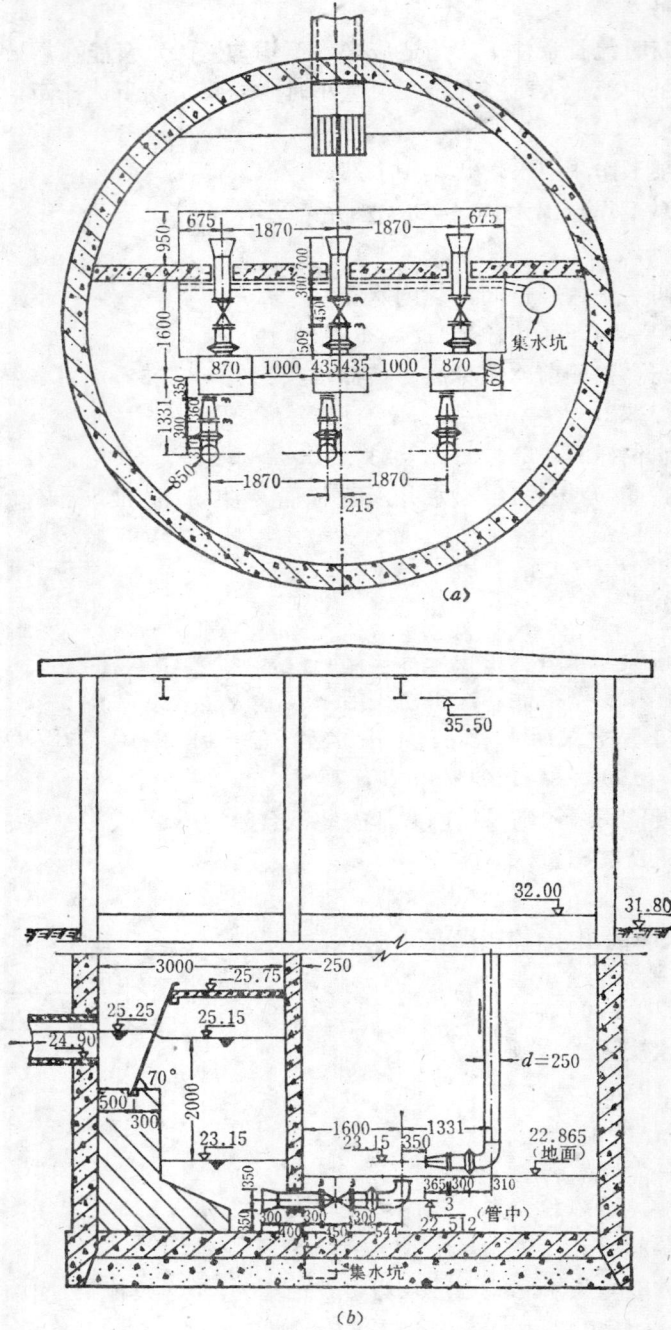

图 4-22 泵站布置
(a)平面图；(b)剖面图

四、机组的布置

从水泵样本中查得6PWL型水泵机座尺寸如图4-23所示。

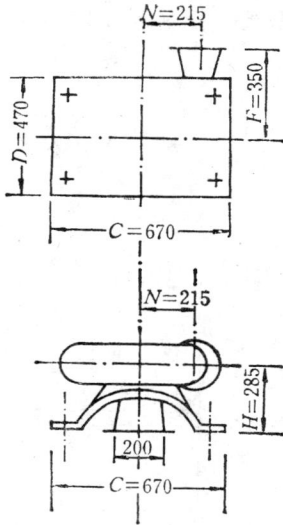

图 4-23 机座尺寸

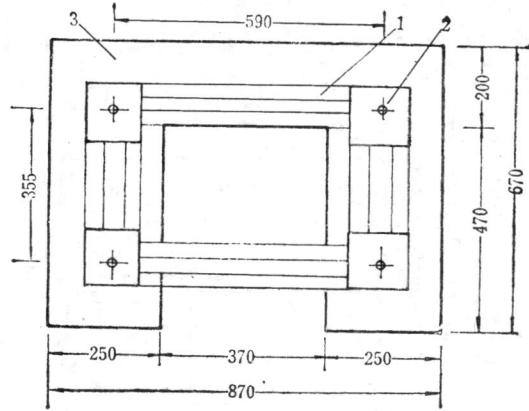

图 4-24 基础尺寸

1—槽钢焊制底座；2—底座螺栓孔；3—混凝土基础

采用钢筋混凝土基础，基础平面尺寸比机座尺寸各边加大100mm，即670×870mm。考虑吸水管与水泵进口的连接，其混凝土基础平面形状如图4-24所示。

五、管路设计

1.吸水管路

每台水泵设单独吸水管，吸水管路上设有一个进水喇叭口、手动阀门、柔性接口和一个250×200×90°弯头。

管路采用焊接钢管，敷设在机械间地面上。吸水管路流量为75L/s，选用 $D=250$ mm，$v=1.4$ m/s，$1000i=12.7$。

2.出水管路

每台水泵设单独的出水管，直接接入出水井。泵站内采用架空敷设，泵站外采用直埋。

出水管路上设有一个150×250渐粗管、柔性接口和250×90°弯头两个。

出水管路采用钢管，其管径与吸水管管径相同。

每台水泵出水口设有拍门，出水管路不设阀门和止回阀。

泵站内钢管应作防腐处理，其具体作法：先除锈以后，涂防锈漆，表层再涂灰色调合漆两道，室外钢管采用三油二麻防腐层。

六、辅助设备

1 排水设备

机械间内靠近隔墙设一条断面尺寸为200×300mm集水沟，沟底坡向集水坑，坑内设一台农用排水泵排除坑内集水。

2.起重设备

根据机组的自重和起吊高度，选一台TV-212型电动葫芦，起重量为 2t，起升高度12m，工字钢梁为28型。葫芦紧缩最小长度为1198mm，机组外形高度2062mm。两者共计高度为3260mm。

室外地面标高31.8m，室内平台标高取32.10m，工字钢梁下标高取35.69m，满足起吊高度要求。

3. 出水井

根据出水管路设计，采用三条直径为250mm钢管，其出水口分别伸入出水井，其布置见4-25所示。

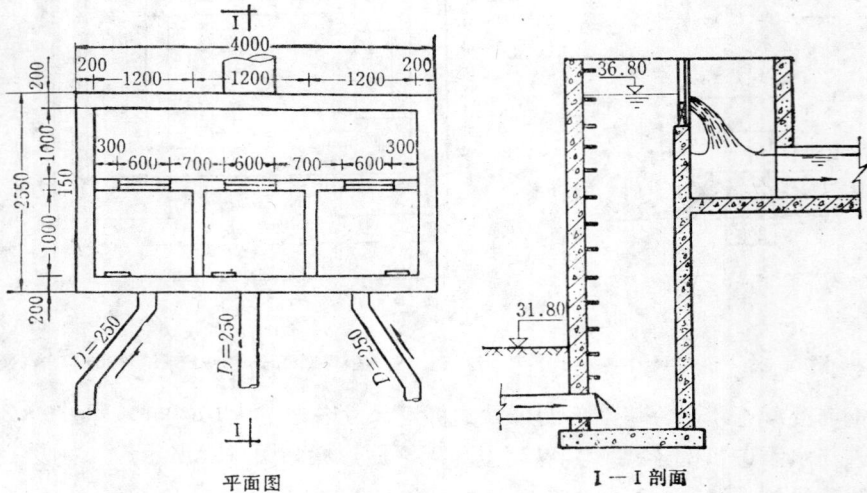

平面图　　　　　　　Ⅰ—Ⅰ剖面

图 4-25　出水井布置图

七、扬程的校核

水泵扬程 $H = H_{sT} + \sum h$

H_{sT} = 出水井水面标高 − 集水池最低水位标高 = 36.80 − 23.22 = 13.58m 不发生变化，只校核管路总水头损失值。

总损失 $\sum H = H_s + H_d$

吸水管路损失 $h_s = iL_s + \sum \zeta \left(\dfrac{v^2}{2g}\right) = 0.0127 \times 2.5 + (\zeta_1 + \zeta_2 + \zeta_8)\dfrac{v^2}{2g}$

式中　ζ_1——进口喇叭口局部损失系数取0.1；

　　　ζ_2——90°弯头局部损失系数取0.87；

　　　ζ_3——闸阀局部损失系数取0.08；

　　　v——吸水管中流速 $v = 1.4$m/s；

　　　L_s——吸水管路长度。

$$h_s = 0.0127 \times 2.5 + (0.1 + 2 \times 0.87 + 0.08)1.4/2 \times 9.81 = 0.23\text{m}$$
$$h_d = 1.10 \times iL_d = 1.10 \times 0.0127 \times 21 = 0.29\text{m}$$

式中　L_d——出水管路长度；

1.10——局部损失占沿程损失值取10%。

所以　总水头损失为

$\sum h = h_s + h_d = 0.23 + 0.29 = 0.52\text{m} < 1.0\text{m}$，所选水泵适宜。

思 考 题

1.排水泵站有哪几种类型？各自适用条件？

2.污水泵站一般应包括哪几部分组成？事故排出口的作用及构造？

3.集水池的布置一般有哪些规定？各部尺寸和标高怎样确定？

4.水泵进水口在集水池中布置应注意满足哪些水力条件？

5.合建式污水泵站其隔墙为什么不设门和活动窗？

6.排水泵站中机械间布置应贯彻哪些原则？

7.排水泵站中管路如何设计和布置？

8.污水泵站起动前靠真空泵充水，其引水系统与给水泵有什么区别？

9.排水泵站中水泵填料函水封水，为什么不能从水泵出水管接入？

10.机械间为什么需要设排水设备？排除方法有哪几种？

11.雨水泵站有何特点？确定集水池的布置时应注意哪些事项？

12.螺旋泵站适用场合？施工中应注意事项？

13.螺旋泵站有哪些特点？

14.排水泵站在运行管理上有哪些特点？

15.污水泵站工艺设计内容和方法？

习 题

1.已知某污水干管直径 $D = 1.0m$，管内底标高54.00m，地面标高59.40m，选用三台6PWL立式污水泵。集水池底标高52.00m，地下水位标高52.50m，土质为亚砂土。

试确定本泵站布置形式，绘出平面图和剖面图并附说明。

2.某污水处理厂回流污泥泵站最大污泥量 $Q = 760m^3/h$ 扬程 $H = 4m$，试选择水泵并进行布置。

3.已知某泵站设有五台6PWL立式污水泵，采用合建式，其集水池最低水位标高62.00m，地面标高68.50m，

试确定（1）机械间平面尺寸，

（2）机组布置及主要尺寸，

（3）确定机械间各部标高，

（4）选择辅助设备。

第五章 泵站的运行管理与节能途径

泵站在给水、排水系统中地位十分重要。例如某水厂的送水泵站（二级泵站）的机组发生故障，从而中断供水，影响用户用水，有时会造成不可弥补的损失。因此，保障泵站的设备安全运行是管理部门的主要职责之一。

第一节 水 泵 的 运 行

水泵运行的要求是安全可靠、高效率、低能耗。为了达到这一目的，在运行管理中可采用以下措施。

严格遵守安全操作规程，做好运行值班工作；

定期执行机组的检修，经常仔细地维护检查水泵的各个部件，发现问题及时处理，使其处于良好的技术状态；

按照水泵的特性，在运行中使水泵经常在高效区内运行；

进行有关技术指标的观测工作。如水泵的出水量、压力表、真空表读数、电流值等，以便检查分析水泵的运行状态。

水泵的操作运行一般包括水泵启动前检查、开泵与停泵、运行中检查及故障排除等内容。

一、启动前检查

做好机组启动前的检查十分重要，检查内容有：

1.盘车检查

用手转动联轴器，手感是否灵活均匀，有无受阻和异常声音。

2.轴承和填料函检查

检查轴承中润滑油是否清洁、油位是否符合标准线。填料函压盖松紧程度是否适度，水封管路有无堵塞。

3.仪表检查

电压表是否指示在正常电压范围内，电流表、真空表、压力表等是否正常。

4.外部条件检查

水位、真空吸水条件是否成熟；出水管阀门关闭灵活严密；电气设备是否完好。

对于新安装的机组，长期停用的机组或检修后首次启动的机组，启动前，应检查各处螺栓是否拧紧；电机和水泵旋转方向是否一致；其它零部件是否达到了安装的质量要求。

经过以上检查，均属正常，方可启动机组。

二、机组启动

机组启动步骤

1.灌水或抽真空引水

灌水或抽真空引水都应先打开泵壳顶上截门，然后进行引水，进行一段时间，发现水泵顶端水标管已显示有水，则表示水泵和吸水管已充满水，关闭截门，停止真空泵工作，此时可以启动水泵。

2.机组启动

水泵充满水以后，操作人员即可按电动机启动按钮，机组启动，观查压力表、真空表、电流表是否正常，如无异常情况，徐徐打开出水管阀门直至进入正常运转状态。

3.检查启动后的情况

机组启动后，对水泵填料函、轴承、各类仪表、电气设备作一次检查，若一切正常，机组启动过程结束。

三、运行中的检查

水泵运行中的监视维护工作十分重要，通过经常性的检查可以发现机组可能产生的故障，并及时加以排除。着重检查内容有：

1.音响及振动

水泵投入运行后，监视其运行是否平稳，音响是否正常。如发现有过大振动或不正常的碰击声，要仔细查找振动与音响的具体部位，产生的原因，及时排除。

2.检查填料函水封情况

正常运行的水泵，要求水封良好，其压盖的松紧适度。滴水过多，说明填料磨损或填料压盖过松，起不到水封作用，空气易于进入泵内，破坏真空，致使水泵效率降低。滴水过少，说明填料压盖过紧，填料易被磨损发热，同时增加了泵轴的机械磨损，又增大了功率损失。

3.观查仪表

机组运行情况，可从压力表、真空表、电流表直接反映机组是否正常工作。对于每台机组都有自己工作参数值，若发现不正常，要仔细分析原因，采取措施加以排除。

4.注意温升

水泵、电动机轴承温度不宜过高，凭经验用手摸，如果烫手，说明温度过高，致使润滑油质分解，摩擦面油膜被破坏，润滑失败，致使轴承温度更趋升高，严重情况会造成泵轴咬死，甚至发生断轴事故。因此，必须对轴承温度进行监测，一般滑动轴承不得超过70°；滚动轴承不得超过90°。

5.监视吸水池水位

运行中要注意吸水池水位变化，当水位降的过低，水泵进水口产生涡流，可能将空气吸入泵内，对水泵运行十分不利，应采取措施使吸水池中水位升高。

6.定时做好记录

机组运行时按照运行规定，值班人员对出水量、压力表、真空表、电流、电压等技术参数准确记录下来。对机组发生异常现象时，应增加记录，供分析原因，及时进行处理。

四、停车

1.离心式水泵在停车时，首先徐徐关闭出水管路阀门，待阀门关闭到接近死点位置，切断电源，停止电动机转动；停泵后，将真空表、压力表及冷却水管截门关闭；做好泵体清洁卫生和保养工作。

2.轴流式水泵在停车时，只要停止电动机的运转，水泵也就停止运行了。然后关闭冷却水及轴承润滑管上的截门。

3.深井泵，停车后不能立即再次启动，以防产生水流冲击，一般间隔5min以后再启动。对于长期停止运行的深井泵，最好每隔几天运行一次，以防零部件的锈死。

第二节 水泵的故障与排除

水泵在运行中可能会发生这样、那样的故障，如不及时排除，将会导致损坏零件，影响正常抽水。排除水泵故障首先要正确判断故障产生的原因，采取有针对性的排除方法。离心泵、轴流泵常见的故障及其排除方法见表5-1和表5-2。

一、水泵常见故障

离心泵、混流泵常见故障和排除 表 5-1

故 障	产 生 原 因	排 除 方 法
启动后水泵不出水或出水量少	1.启动前没有充水或未充满水 2.底阀漏水或堵塞 3.叶轮被堵塞 4.水泵转向不对 5.水泵转数降低 6.填料函漏气 7.吸水池水位下降或水泵安装过高 8.水面产生漩涡，带入空气 9.吸水管路安装不当，存有气囊 10.水泵装置扬程大于水泵性能扬程	1.重新充水 2.修理或清除杂物 3.揭开泵盖，清除杂物 4.改变方向 5.检查电压是否过低 6.压紧填料或清通水封管 7.调整水泵安装高度 8.加大吸水口淹没深度或采取防止措施 9.改装吸水管路，清除形成气囊部位 10.更换水泵型号
机组有振动和噪声	1.基础螺栓松动或安装不完善 2.联轴器不同心或泵轴弯曲 3.发生汽蚀 4.轴承磨损 5.叶轮不平衡 6.泵内部件有磨损	1.拧紧螺栓、填实基座 2.调整同心度，矫直或更换泵轴 3.降低吸水高度 4.更换或修理轴承 5.检查叶轮，如有损坏修理或更换 6.检查摩擦部位
水泵开启不动或功率过大	1.填料压得过紧，泵轴弯曲，咬死泵轴 2.联轴器间隙过小 3.电压过低 4.流量过大 5.转数过高	1.松压盖，矫正泵轴 2.调整间隙 3.检查电路 4.关小闸阀 6.降低转数
轴承发热	1.轴承安装不良 2.轴承缺油或油太多 3.油质差，不干净 4.滑动轴承的甩油环不起作用 5.轴向推力不能平衡 6.轴承损坏	1.作同心检查 2.调整加油量 3.更换新油 4.调整油环位置或更换油环 5.检查平衡装置 6.更换轴承
填料函发热	1.填料压盖过紧 2.填料环位置不准 3.水封管堵塞 4.泵轴与填料环的径向间隙过小	1.调节松紧 2.调整位置 3.疏通水封管 4.调整好径向间隙

故　　障	产　生　原　因	排　除　方　法
运行中扬程降低	1.转数降低 2.压水管路损坏 3.叶轮损坏 4.水中进入空气	1.检查原动机及电源 2.关小出水阀门，检修管路 3.拆开修理 4.检查吸水管路、填料函的严密性

轴流泵常见故障和排除　　　　　　　　　　　　　　　　表 5-2

故　　障	产　生　原　因	排　除　方　法
启动后不出水或出水量少	1.叶轮淹没深度不够 2.叶轮转向不对 3.叶片损坏或叶片固定螺母松动 4.泵进口或叶轮被杂物堵塞 5.装置扬程过高	1.调整淹没水深 2.调整转向 3.更换叶片或紧固螺母 4.清除杂物 5.合理选泵
机组有振动或有噪声	1.地脚螺栓松动 2.泵轴弯曲或联轴器不同心 3.泵轴和橡胶轴承磨损 4.叶片缺损或缠有杂物 5.产生气蚀	1.旋紧螺栓，填牢底座 2.矫正或调整同心度 3.更换橡胶轴承 4.更换叶片，清除杂物 5.改善吸水条件，防止气蚀
电机过载	1.叶片安装角过大 2.水泵转数过大 3.出水拍门开启度过小或装有出水闸门没有全部打开	1.减小叶片安装角度 2.降低转数 3.检查拍门和闸阀开启度过小的原因

深井泵常见故障和排除　　　　　　　　　　　　　　　　表 5-3

故　　障	产　生　原　因	排　除　方　法
启动困难或无法启动	1.电路不通，电压偏低 2.启动前未灌预润水 3.橡胶轴承过紧或已损坏 4.泵体和轴承中沉砂	1.检查电路 2.施加预润水 3.更换橡胶轴承 4.可用清水自出水口冲洗，边冲洗边转动轴承
启动后不出水或出水量小	1.井水位下降过多或井涌入泥砂 2.泵叶轮流道堵塞 3.泵轴折断 4.叶轮松动 5.叶轮磨损或泵内输水管漏水 6.转数偏低	1.检验所选泵型是否适当或者进行洗井 2.冲洗或者重新安装 3.更换泵轴 4.重新组装 5.更换叶轮或装好输水管接头 6.检查电压，使其恢复额定值
井泵发生剧烈振动	1.启动时未注预润水或注水不足 2.叶轮与导流壳有摩擦 3.传动轴承弯曲或不同心 4.橡胶轴承磨损或脱落 5.井壁管下沉或基础沉陷	1.每次启动前加足预润水 2.停机调整间隙 3.重新安装 4.更换轴承 5.采取相应加固措施

故　　障	产　生　原　因	排　除　方　法
填料函发热或漏水过多	1.填料过紧或过松 2.填料磨损或变质 3.水封管堵塞	1.松动压盖，使适量的水由填料中滴入 2.更换填料 3.疏通水封管，保持水封
止逆装置失灵	1.止逆圆柱销粘上油垢贴在止逆销孔内 2.止逆盘磨损	1.清洗干净 2.更换止逆盘

第三节　水泵的保养与检修

做好水泵的保养和检修，可以及时排除水泵的隐患事故，恢复其正常工作性能，延长使用寿命。

一、水泵保养与检修

有关水泵保养与检修情况见表5-4。

水泵保养与检修　　　　　　　　　　　表 5-4

等　　级	保　养　检　修　内　容	周　　期	承　担　人
一级保养（日常保养）	1.保持水泵整洁 2.观察水泵的运行，有无杂音或振动，保持正常运转 3.检查各部螺丝的松动情况，填料函松紧情况，轴承油质和油量，保持各部正常 4.填写水泵运行记录	每天进行	由操作人员承担
二级保养	1.完成一级保养的全部内容 2.压力表、真空表及其导管的清扫，保持指示准确 3.保持水封管正常冷却和密封	运行720h进行一次	由操作人员承担
小　　修	1.完成二级保养全部内容 2.打开泵盖，取出转动部件 3.轴承盖解体，清扫、换油、重新调整间隙 4.对各零、部件进行肉眼检查和尺寸丈量，并记入设备检修档案 5.修理在运行中发生的各种缺陷，更换零件，紧固全部螺丝 6.仔细调整联轴器同心度 7.确定是否提前或推迟大修	运行2000～8000h进行一次	由检修人员承担
大　　修	1.解体水泵，拆卸所有零件，仔细检查并清洗 2.更换所有有缺陷和损坏的零件 3.测量并调整泵体间隙和同心度	运行18000h进行一次	由检修人员承担

二、检修工作注意事项

1.水泵的拆卸与装配应按拆装顺序进行，容易混淆的部件应有标志，以防错装；

2.在拆卸、装配过程中，合理使用工具，禁止使用大锤直接敲打部件。应垫木块操作；

3.螺帽锈死时，先浇上煤油，待渗入螺纹后再拧松、拧下螺帽带在螺栓上一起保存，最好放入煤油中浸泡；

4.注意人身、设备的安全，特别是起吊工要仔细检查，以免发生事故。

三、机组的验收

1.试车前应检查的内容

水泵安装、检修后在试车前应做好下列检查：

（1）电动机转向应符合规定方向；

（2）各紧固连接部分应牢固，不得松动；

（3）润滑、水封、冷却及其它附属系统的管路应保持通畅；

（4）盘车灵活、正常，润滑油符合水泵的技术要求；

（5）电气设备正常，灵敏可靠；

（6）水泵管路上阀门启闭灵活，吸水管阀门全开，压水管阀门全闭。

2.带负载试车

机组经检验合格后，先进行空转试验，然后再作带负荷试验。泵在设计负荷下连续运转不少于2h，并应符合下列要求：

（1）运转中不应有不正常的声音，运行平稳；

（2）各紧固件不应松动，噪声低、振动小；

（3）出水流量、扬程、电流等符合额定值；

（4）滚动轴承温度不高于75°，滑动轴承温度不高于70°；

（5）填料的温升正常，软填料应有少量水漏泄。

3.验收

机组经过带负荷试车合格后，即可办理验收手续。验收时应具有下列资料：

（1）竣工图；

（2）变更设计及洽商记录；

（3）设备合格证和说明书；

（4）各工序检验记录；

（5）电气设备整定记录与试车记录；

（6）其它有关资料。

第四节　泵站的管理

泵站的管理既要确保安全、正常运行又要降低成本，要完成这个任务，就要做好泵站的管理，建立必要的规章制度。

一、值班人员的责任制

由于泵站性质、大小不同，因此值班人员的数量亦不相同。一般泵站设有值班长和值班工人，二者职责内容有所区别，可归纳为下列主要内容：

1.值班人员严格遵守操作规程、进行安全生产，保证正常运行。

2.负责按规定时间和内容正确记录各项运行参数，及时向上级汇报运行情况。

3.在紧急情况下，有权停机，以防人身或设备事故的发生和扩大，停机后应立即向上级汇报。

4.加强机电设备的维护保养，使机组处于良好状态下运行，及时发现事故苗头并按规定要求进行处理。

5.负责做好清洁工作，保持室内环境整洁。

二、填写运行日志

泵站操作管理人员应定时记录机组的开停时间、出水量、扬程、温升、电流、电压、电力消耗和保养检修记录。有了这些原始资料，可以掌握机组的技术状态，为检修提供依据；而且依靠这些原始资料进行分析、计算机组的技术经济指标，为技术改造提供依据。

三、交接班制度

泵站一般连续工作，而值班人员分班运转，因此建立交接班制度非常重要。

交接班制度主要规定如下：

1.接班人员提前到达工作岗位，做好接班准备工作。

2.向接班人员交待本班情况，特别交待本班出现的不正常情况及处理过程等。

3.向接班人员交待未结束的工作事项，如某一设备停车检修，关闭那些阀门等事项。

四、设备档案

为了用好管好泵站设备，应对主要设备建立技术档案。如设备型号、性能、运行时间记录、检修记录、事故记录、试验记录等。这样可以对设备的使用、修理、改造提供可靠的依据。

五、建立泵站安全技术规程

泵站都要制定切实有效的安全技术规程，以保证安全运行。其主要内容有：

1.禁止非值班人员操作机电设备，操作运行听从调度人员的指令。

2.值班人员穿戴好必要劳保用品，不得擅离工作岗位。

3.必须严格按操作规程启动、停止机组工作。突然停电或设备发生事故时，应立即切断电源并立即向调度或值班领导汇报。

4.值班人员必须按照规定时间检查机组运转状况，各类仪表指示变化情况。

5.在运转中打扫设备及附近的卫生时要特别注意安全，不得在转动的部分擦抹和用水冲洗带电部分。

6.随时检查电机、轴承、填料函等处温升，检查润滑部件油质、油量是否符合规定。

7.随时监视机组运转中的声音，有无振动和杂音。

8.维护人员检修电机、水泵时，值班人员应主动配合，可靠地断开检修范围内各种电源，验明无电后，方可开始检修。

9.值班人员必须提高警惕，搞好"防火、防洪、防止人员触电"等项工作。

六、事故处理规程

泵站运行中发生紧急事故，及时处理恢复生产以后，必须对事故进行调查，找出事故原因，分析薄弱环节，吸取教训，为改进管理提供条件。如果属于责任事故，应判明事故性质，分清责任，因此必须建立事故处理规程。

规程中主要包括下列要点：

1.建立调查、分析、确定事故性质的有关部门。

2.查找事故原因，分析薄弱环节，提出改进措施，明确事故责任。

3.规定事故报告内容、表格、上报期限和上报有关单位等。

4.指定部门负责管理事故情况，做好事故的统计、分析，提出消灭事故的建议等。

泵站管理是为了用好设备，减少电耗。就需要建立必要的规章制度，值班人员必须熟悉这些制度并严格执行，就可避免发生各类事故，即使发生事故也能迅速处理使事故损失减少。

第五节 泵 站 节 能

在给水排水系统中，泵站要消耗大量的能源。如在给水系统中，电耗往往占制水成本60%以上。因此，对泵站的节能研究具有十分重要的经济意义。

水泵和电机是泵站的主要设备。机组的选型、安装质量、管路设计、维护管理的好坏，不仅对工程投资影响较大，而且与节约能源、降低成本、提高经济效益都有密切关系。

一、泵站的能源消耗

（一）泵站的能源传递过程

机组在运行时，需要消耗一定的能量。如图5-1所示，电动机接受外部输入的功率N_i后，一部分功率ΔN_i在电动机内部消耗，剩下的功率为电动机输出功率N，传给传动装置，若电动机与水泵采用联轴器直接传动，即为水泵轴功率，扣除水泵内部功率损失ΔN_p后，成为水泵的有效功率N_e，也就是管路的输出功率，管路内也有水头损失，损失的功率为ΔN_{pi}，剩下的功率为管路出口处功率N_0。上述过程可称为泵站抽水时能量传递过程。

（二）泵站能量计算

分析清楚泵站能源消耗才能找出泵站节能的途径，以电力拖动为例，泵站能耗计算如下：

泵站的管路出口处净功率N_0可按下式计

$$N_0 = \frac{\gamma Q H_{ST}}{1000} \text{（kW）} \qquad (5-1)$$

式中　Q——泵站总出水流量（m^3/s）；

H_{ST}——泵站净扬程（m）；

γ——流体重度（N/m^3）。

由图5-1可知，泵站的总功率损失ΔN为：

图 5-1　泵站能量传递过程

$$\Delta N = \Delta N_i + \Delta N_p + \Delta N_{pi} \qquad (5-2)$$

这样，泵站的输入功率N_i为：

$$N_i = N_0 + \Delta N \qquad (5-3)$$

故泵站效率为：

$$\eta_s = \frac{N_0}{N_i} = \frac{N_0}{N_0 + \Delta N} 100\% \qquad (5-4)$$

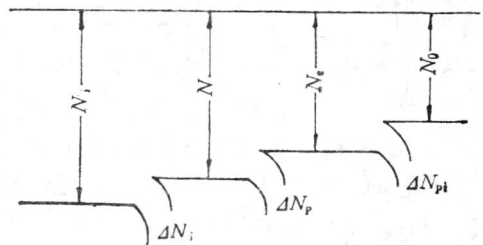

可见，减小泵站各部分的功率损失，即可提高泵站效率。

输入泵站的功率为：

$$N_i = \frac{\gamma Q H_{ST}}{1000 \eta_s} \ (\text{kW}) \tag{5-5}$$

泵站运行 t 小时，则泵站消耗的电能为：

$$E = N_i \cdot t = \frac{\gamma Q H_{ST} \cdot t}{1000 \eta_s} \ (\text{kWh}) \tag{5-6}$$

从公式（5-6）看出，提高泵站效率，可以降低泵站电能消耗。

（三）泵站效率的计算

对于已投产的泵站，可通过实测的流量、净扬程、运行时间、输入功率（或耗电度数）、分别利用公式（5-5）或（5-6）可以计算出泵站效率。

但是对于尚未建成，需要预先知道泵站建成后效率，以便进行技术经济分析。这时，可通过计算求得。

根据公式（5-4）可得

$$\eta_s = \frac{N_0}{N_i} = \frac{N}{N_i} \ \frac{N_e}{N} \ \frac{N_0}{N_e} = \eta \cdot \eta_p \cdot \eta_{pi} \tag{5-7}$$

只要分别求出电动机效率 η、水泵效率 η_p 和管路效率 η_{pi}，利用式（5-7）即可求出泵站效率。式（5-7）是以电机与水泵采用联轴器直接传动，无传动损失，并且对进入和流出水池的能量损失忽略不计。

计算各部分效率时，首先依据选择的水泵和设计管路，绘出水泵特性曲线和管路曲线，求出水泵工作点，查得工作点的效率和轴功率。然后再分别求出电动机、管路效率。其计算步骤如下：

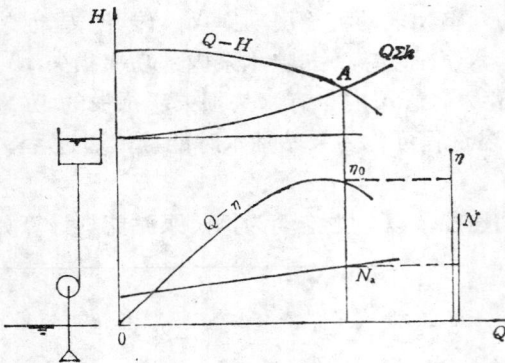

图 5-2　水泵工作点的确定

1. 绘制水泵的工作特性曲线，如图5-2所示。

2. 求出管路阻抗 S。根据采用管材、管径，查出比阻 A 值，再根据管长，求得 $S = A \times L$。

再按下式绘制管路曲线

$$\Sigma h = S Q^2 \tag{5-8}$$

3. 求水泵工作点

水泵 $Q\text{-}H$ 曲线与管路曲线 $Q\text{-}\Sigma h$ 交点 A，即为水泵工作点。通过 A 点作垂线交水泵 $Q\text{-}\eta$ 曲线于 η_a 点，交 $Q\text{-}N$ 曲线于 N_a 点，分别表示该工况下水泵的效率和轴功率。

4. 电动机的效率

电动机效率曲线应通过试验测得。在无实测资料时可查阅有关资料估算电机效率值。

5. 求管路效率 η_{pi}

管路效率等于管路出口处的功率与输入管路功率之比。

即

$$\eta_{pi} = \frac{N_0}{N_e} = \frac{H_{ST}}{H_{ST} + \Sigma h} \times 100\% \tag{5-9}$$

根据图5-2可查出工作点 A 的水泵扬程 H 和净扬程 H_{ST}，按（5-9）即可求出管路效率。

6.求泵站效率

按公式（5-7）可求出泵站效率。同理，可求出不同H_{ST}值所对应的泵站效率，将这组泵站效率点绘在图5-2中，绘成的Q-η_s曲线称为泵站效率曲线。可根据任一H_{ST}值查得对应的泵站效率值。这对泵站设计、节能改造和经济运行都有指导作用。

二、泵站节能技术

为了提高经济效益，必须从泵站设计、施工安装、运行管理诸方面进行合理设计，采取有效技术措施提高泵站效率。下面重点介绍水泵和管路两方面的节能途径。

（一）水泵的节能途径

水泵是泵站内主要设备，它的节能途径是多方面的，主要可从以下几个方面进行：

1.设计时选用那些水泵效率高，高效区较宽，耗电少的产品。

2.提高加工制造精度，叶轮流槽、盘面等过流表面光滑，会使水力损失减少，有利提高水泵效率。

3.保证水泵组装和安装质量。水泵组装粗糙或者安装质量精度不符合要求，水泵运行时会加速磨损，产生震动，也会使水泵效率降低。

4.加强技术改造。对于能耗大、效率低、长期大马拉小车泵站，可采取改变水泵转数、切削叶轮外径、轴流式水泵调节叶片安装角度等措施来降低电耗。

5.正确合理选择机组。水泵的效率与流量、扬程有关，只有在水泵设计工况下，才能保证水泵的效率最高。偏离设计工况点，其效率都会下降。因此，对于流量、扬程随时有变化的泵站，最好采取大小水泵搭配工作，满足多数工作点在水泵高效区内运行。

6.合理确定水泵安装高度。安装高度过高，会发生气蚀现象，使得流量、扬程、效率大幅度下降。严重时会损坏水泵停止出水。

7.加强维护管理。水泵运行一定时间后，不可避免地会产生机件磨损，增大泵内损失，降低水泵效率。因此，及时进行维护保养，更换已损坏零部件是保证水泵正常、高效工作的必要措施。

（二）管路系统的节能途径

管内流体流动时，为了克服管路阻力，需要消耗一定的能量。管路阻力越大，消耗的能量也越多，其管路效率越低。因此，减小管路阻力，提高管路效率，也是泵站节能的重要方面。但是，减少管路阻力，往往要加大管径，至使工程造价提高。所以，在管路节能与增大管径两个方面进行技术经济比较，选择投资少而耗能低的最优方案。

1.管路损失与管路效率的关系

在管路不漏水的情况下，管路效率等于管路出口处功率与输入管路功率之比，见公式（5-9）。从公式看出，同一管路损失，对于不同的净扬程，其管路效率是不相同的。例如管路损失$\Sigma h = 8\text{m}$，$H_{ST} = 40\text{m}$，其管路效率$\eta = \frac{30}{30+8} \times 100\% = 83.3\%$，对于$H_{ST} = 30\text{m}$，其管路效率$\eta = \frac{40}{40+8} \times 100\% = 78.9\%$。如果净扬程不变，减小管路损失值，从公式看出其管路效率是提高的。

1.提高管路效率的途径

（1）选择适当的管径

管路效率近似与管径五次方成正比。也就是说管径增大会使管路效率显著上升，可以减少能源的消耗。但是，增大管径，会使工程投资增大，因此，管径又不宜过大。一般依据经济流速选择管径。

（2）尽量减少管路长度

管路长度与管路损失成正比，管路越短，其管路损失也小，管路效率就越高。因此，减少管路长度不仅可减少工程投资，而且还可以减少能耗。

（3）减少不必要管路附件

泵站中管路附件和管件越多、形状越复杂，会使管路局部阻力系数增大，从而降低管路效率。因此，尽量减少管路附件，可以提高管路效率。

（4）提高管路的严密性

当管路安装质量较差，接口处漏水。在处于负压状态时会吸入空气，减少过流断面，引起管路效率下降。

上述措施可以提高管路效率，减少能耗。具体应用时应当注意，倘若水泵运行工作点长期处于额定工作点左侧时，采用减少管路损失措施之后，不仅可以提高管路效率，而且也可使水泵效率提高，轴功率接近水泵额定工作点的轴功率，负荷系数增大，电机效率也可以提高，泵站可以获得良好的节能效果。相反，水泵运行工作点长期处于水泵额定工作点右侧，仅采用减少管路损失的措施，则会使水泵运行工作点偏离额定工作点更远，其水泵效率下降，会使电动机超载，有可能产生气蚀，造成泵站总效率下降。对于这种情况，要考虑采取调速、切削叶轮直径等措施，达到节能的目的。

三、机组调速途径

实现机组调速的途径一般有两种方式，一种方式通过电机与水泵中间机械式调速设备，属于这类调速种类较多，用于大中型水泵调速多用液力偶合器；另一种方式是电气调速，属于这类调速种类也较多，用于大中型水泵调速主要有变频和串级两种方法。下面分别加以简介：

1.液力偶合器调速

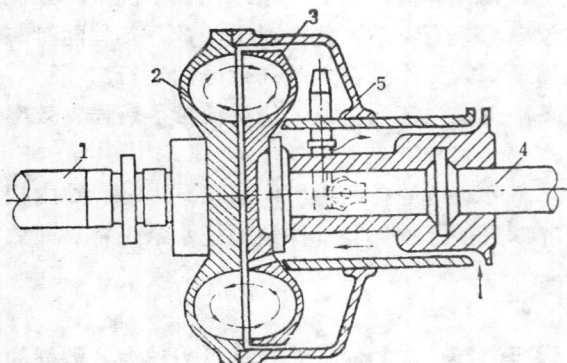

图 5-3 液力偶合器构造示意图
1—主动轴；2—泵轮；3—涡轮；4—从动轴；
5—转动外壳

液力偶合器是一种液力传动装置，如图5-3所示。由泵轮、涡轮和转动外壳等主要部件组成，泵轮与主动轮相连，涡轮与从动轮相连，泵轮与涡轮之间形成环状内腔，腔内充入一定量的工作液体（20号透平油）。油在泵轮叶片带动下受离心力的作用，油从泵轮内侧流向外缘，形成高压高速油流并冲向涡轮叶片，使涡轮跟随泵轮作同方向旋转。油在涡轮中由外缘流向内侧的流动过程中被迫减压减速，再流入泵轮进口，如此循环工作，泵轮将输入的机械功转换为油的动能和升高压力势能，而涡轮再将油的动能和势能转换为输出的机械功。在工作过程中，只要改变偶合器的充油量，就可在电动机转速恒定的情况下达到改变水泵转速的目的。

液力偶合器功率适应范围大，可以从几十千瓦至上千千瓦不同功率的需要；结构较简单，工作可靠，使用方便，安装费用也低，可无级调速。但偶合率较低；轴向安装尺寸长，基础占地面积大；偶合器故障时，无法切换运转，影响正常工作。

综上所述，采用液力偶合器可使叶片式水泵实现无级调速，与关闸调节相比，可节约大量电能，又可使电机空载启动。但也存在上述问题，有相当一部分能量要变为热能损失掉。

2.交流电动机调速

已知交流电动机旋转磁场转速（即称同步转速）$n_1 = 60/p \times f$，电动机转速为 n，二者关系常用转差率 s 表示。

$$即 \qquad s = \frac{n_1 - n}{n_1} = 1 - \frac{n}{n_1} \qquad (5-10)$$

$$或 \qquad n = n_1(1-s) = \frac{60f}{p}(1-s) \qquad (5-11)$$

式中　n——电动机转速（r/min）；

$\qquad f$——交流电源的频率（Hz）；

$\qquad p$——电动机极对数；

$\qquad s$——电动机运行时转差率。

从式（5-11）可知，改变 f、p 和 s 即可调节电动机转速 n。

按照系统调速效率可分为能耗型调速和高效型调速两类。

（1）能耗型调速（调节转差率）只用于异步电动机，属于这类调速系统有：调节电动机定子电压、改变串入绕线式电动机转子附加电阻值等多种方法。这类调速系统的共同缺点是效率偏低，因此，在给排水泵站中很少采用。

（2）高效型调速　属于这类调速系统有变频调速、变极调速以及绕线型异步电动机串极调速。这类系统不存在转差损耗，所以效率很高。其中变频调速是异步电动机最有发展前途的一种调速方法，在国外已成为主流。它的优点是：

1）属于无级调速，调速范围宽而且平滑地调速同步转速 n_1，能软启动，无启动电流的冲击。

2）调速过程中没有转差损耗，仅有变频器和电动机损耗，所以变频调速系统效率高。

3）有足够硬的机械特性（即转速 n 与转矩 M 特性），表明负载转矩变化不大。

但变频调速装置较贵，一般为串极调速装置的3倍左右，当前国内在工程上还未推广，只有在重点工程大型泵站引进整套进口设备，但随着装置价格下降、技术成熟，今后会大量推广。

3.应用调速技术的优点及注意事项

（1）优点

1）扩大了水泵高效区范围

从第一章第九节得知，改变水泵转数可以使水泵 $Q-H$ 曲线的高效区由一段线扩大为一定范围的面，这样可使水泵工作点由一个点扩大成沿管路特性曲线的一条线。倘若选择得当，可使需要的工作点包括在高效区范围内，以保证水泵在高效率下运行。

2）有利于实现选用大型机组、台数少的设计方案。

采用调速技术后，能更好地适应用户对流量、扬程的变化需要，不必采用多台数组合运行方案，而选用少台数，大水泵设计方案，这样可减少泵站面积。减少维护工作量。减少单位水量的设备价格，更有利于提高泵站效率。

3）减少机组开停次数，供水曲线平滑

采用大型机组，依靠无级调速，在其工作范围内流量、水压变化平滑，不会出现采用水泵组合方式，开停水泵调速流量所造成的突变。这样机组开停次数减少，既方便了运行管理，又能大幅度地减少机组开停时对机组的冲击荷载，延长机组的使用寿命。

（2）注意事项

1）采用调速技术，一般最低转数不低于额定转数的40％，否则水泵效率会明显下降。同时，也不得在临界转速附近工作，避免产生共振现象。当提高机组转速时，应对水泵零件进行强度校核，防止损坏部件，也不得使电动机超载。

2）确定调速方案时，应进行科学的可行性论证，条件不同，节电差别较大，必须按照工程具体条件计算出节电效果，而不是在任何条件下，调速均能明显节电。如向水塔、高位水箱的起端恒压供水以及扬程中扬水几何高度占主要部分，而水头损失占的比例较小时，选用时应特别慎重。

可行性论证最主要的是节电计算与增加调速设备的经济比较，防止盲目采用。

思 考 题

1.机组启动前应做好哪些准备工作？

2.机组运行中应经常做哪些方面检查和记录？

3.离心泵、轴流泵、深井泵的启动、停车各有什么不同？

4.离心泵启动后不出水可能有哪些原因？

5.机组检修时应注意哪些事项？

6.机组验收包括哪些内容？

7.泵站管理包括哪些管理制度？

8.怎样计算泵站效率？

9.泵站节能应从哪些方面采取措施？

10.降低泵站噪声有哪些措施？

附录一 给水泵站课程设计任务书示例

一、设计题目 ××配水厂送水泵站

二、设计资料

1. 设计任务书。
2. 地区气象资料：最低、最高气温，冰冻深度和起止日期等。
3. 地区水文地质资料。
4. 泵站站址1/200～1/500地形图。
5. 站址处工程地质资料，抗震设计烈度。
6. 要求出水量和水压资料。
7. 电源资料：能否二路供电、电压等级、电价等。
8. 与泵站有关的给水构筑物的位置和设计标高。
9. 水泵、电动机、附属设备和管件等样本、标准图。
10. 室外给水设计规范、设计手册等资料。

附录二 给水泵站课程设计指导书示例

一、设计步骤

1. 熟悉资料 首先熟悉设计任务书和提供所有资料，设计规范和特殊要求。根据地形图、水文地质资料、水池和出水管路位置、埋深等情况，拟定泵站具体位置和室外地面标高。

2. 根据用水量和水压的要求确定泵站不同时刻的出水量和扬程。

3. 初步选择机组 包括工作泵和备用泵型号、台数。一般尽量选用同型号，大型水泵，台数 3～6 台为宜。采用机组搭配运行适应用水量变化时，若选用三台泵，其出水量之比为1:2:2为宜，若六台泵，各泵之间出水量之比为1:2:2:3:3:3为宜。若有条件尽量选用大型水泵、减少台数，配置部分调速机组，适于应用水量变化，能起到明显的节电效果。经技术经济比较确定选泵方案。

4. 确定机组的基础尺寸 根据所选用的机组，查出水泵和电动机外形尺寸、底座尺寸和重量，即可设计混凝土的基础平面尺寸和深度。

5. 确定机组和管路的布置形式 按有关规范和布置原则，参考有关泵站设计实例，结合所选的水泵类型、台数可布置为单排或双排。

管路布置视管径大小、泵房埋深等情况，尽量采用直进直出方式，以减少管件用量，其敷设方式可在管沟中或室内地面上。

6. 设计管路 按每台泵流量和设计流速查水力计算表选定管径，根据需要配置附件和管件。

7. 确定机组轴线标高 依据水池最高水位和最低水位标高，按照各台水泵允许吸上真

空高度（选其中最小一台H_s值计算，并考虑地形标高、水温影响），计算水泵轴线安装高度。

有时为了水泵启动方便，往往采用自灌式，即水泵轴线标高低于水池高水位，但高于水池低水位。形成高水位时为自灌式，低水位时为非自灌式启动水泵。

8.选择泵站内辅助设备　根据需要选择排水、起重、充水等辅助设备，并进行合理布置，尽量不因布置上述设备而增大泵房建筑面积为宜。

9.确定泵房各部建筑尺寸和标高　在满足机组和管路工艺尺寸条件下，尽量选用建筑构件标准模数和构件，以减少设计工作量。

根据采光和通风要求，合理选择标准门、窗、楼梯等构件。

10.校核水泵工作点　泵站已完成布置和设计，选择一条最不利管路系统，验算水头损失是否与开始暂估值接近，若接近即可。

二、设计成果

1.说明书

概述　包括设计依据、机组选择、台数、泵站形式和建筑面积，启动方式等。

2.计算书

上述步骤中各部计算过程并附必要草图。

3.图纸

泵站平、剖面图一张（比例1/50）

大样图一张（基础、底座大样或真空引水系统）。

附录三　Sh型水泵外形图及其尺寸表

一、Sh型外形图

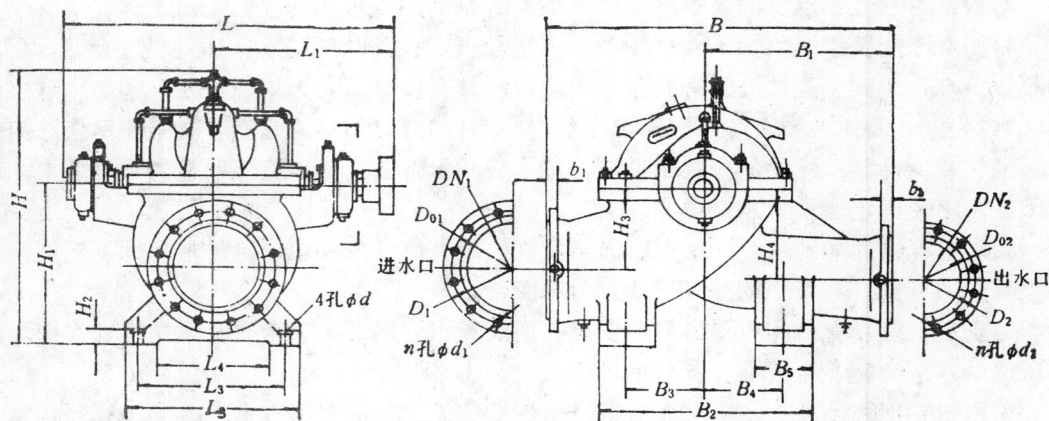

图附-1　Sh型水泵外形图

二、Sh型水泵外形尺寸表（mm）摘录

泵的型号	泵外形尺寸														进水法兰尺寸				出水法兰尺寸			
	L	L_1	L_2	L_3	L_4	B	B_1	B_2	B_3	H	H_1	H_3	H_4	$4-\phi d$	D_{g1}	D_1	b_1	$n-\phi d_1$	D_{g2}	D_2	b_2	$n-\phi d_2$
8Sh-9	822.5	450	350	300	245	620	270	350	150	568	350	175	172.5	23	200	335	26	8-ϕ23	125	245	24	8-ϕ18
8Sh-9A	822.5	450	350	300	245	620	270	350	150	568	350	175	172.5	23	200	335	26	8-ϕ23	125	245	24	8-ϕ18
8Sh-13	765	416	350	300	230	550	250	350	150	549	350	160	165	23	200	315	22	8-ϕ18	125	235	20	8-ϕ18
8Sh-13A	765	416	350	300	230	550	250	350	150	549	350	160	165	23	200	315	22	8-ϕ18	125	235	20	8-ϕ18
10Sh-9	988.5	553	420	360	300	890	440	630	240	754	440	200	260	25	250	370	24	12-ϕ18	200	315	22	8-ϕ18
10Sh-13	964.5	531	440	380	300	850	400	630	240	728	440	230	230	25	250	370	24	12-ϕ18	200	315	22	8-ϕ18
10Sh-19	908	490	400	350	280	750	350	400	175	671	400	200	240	25	250	370	24	12-ϕ18	200	315	22	8-ϕ18
12Sh-6	1185.5	660	500	380	240	1080	520	720	280	955	550	260	340	25	300	440	28	12-ϕ23	200	335	26	8-ϕ23
12Sh-9	1143.5	639	410	320	210	1020	500	670	260	890	520	265	304	25	300	440	28	12-ϕ23	200	335	26	8-ϕ23
12Sh-13	1209.5	662	640	520	330	1040	500	800	300	854.5	520	275	305	25	300	435	24	12-ϕ23	250	370	24	12-ϕ18
12Sh-19	1028	563	640	520	400	1000	500	800	300	830	520	250	260	25	300	435	24	12-ϕ23	250	370	24	12-ϕ18
12Sh-28	1028	563	640	520	400	1000	500	800	300	830	520	250	260	25	300	435	24	12-ϕ23	250	370	24	12-ϕ18
14Sh-9	1361	762	510	440	320	1300	650	900	360	980	560	260	360	34	350	500	30	16-ϕ23	250	390	28	12-ϕ23
14Sh-13	1291	713	720	600	400	1180	560	810	300	1008	620	320	283	34	350	485	26	12-ϕ23	300	440	28	12-ϕ23
14Sh-19	1271.5	693	570	480	370	1100	500	740	280	945	560	300	310	34	350	485	26	12-ϕ23	300	435	24	12-ϕ23
14Sh-28	1186.5	652	570	480	370	1100	550	700	280	912	560	250	300	34	350	485	26	12-ϕ23	300	435	24	12-ϕ23

附录四 Sh型水泵安装尺寸图及安装尺寸表

一、Sh型水泵安装尺寸图（带底座）（mm）

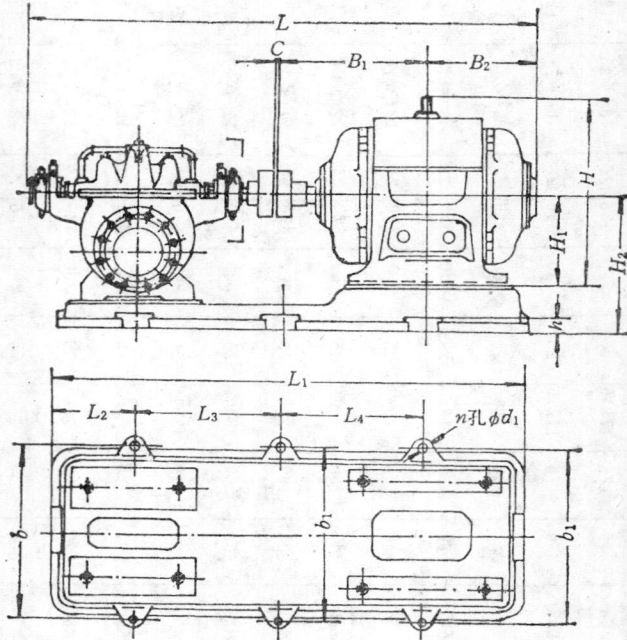

图附-2 Sh型水泵安装尺寸图

二、Sh型水泵安装尺寸表（摘录）单位mm

附表-2

泵型号	C	电机尺寸				底 座 尺 寸								L
		B_1	B_2	H	H_1	L_1	L_2	L_3	L_4	b	b_1	h	$n-\phi d_1$	
8Sh-9A	4	514	476	630	280	1532	221	970	—	482	700	45	$4-\phi25$	1816.5
8Sh-13	4	514	476	630	280	1450	217	934	—	474	693	45	$4-\phi25$	1759
10Sh-13	4	514	476	630	280	1630	240	575	575	765	765	45	$6-\phi23$	1958.5
10Sh-19	4	414.5	370.5	505	225	1405	243	480	480	610	610	40	$6-\phi23$	1697
12Sh-19	4	514	476	630	280	1778	374	1091	—	940	740	45	$4-\phi25$	2022
12Sh-28	4	482.5	437.5	560	250	1726	374	1049.5	—	940	682	45	$4-\phi25$	1952

参 考 文 献

[1] 姜乃昌主编．水泵及水泵站．新一版．北京：中国建筑工业出版社，1993
[2] 田会杰主编．水泵和水泵站．北京：中国建筑工业出版社，1987
[3] A．N．斯捷潘诺夫著．离心泵和轴流泵．北京：中国建筑工业出版社，1965
[4] 上海市政工程设计院主编．给水排水设计手册（第三分册）．北京：中国建筑工业出版社，1986